果蔬商品生产新技术丛书

提高绿叶菜商品性栽培技术问答

郑世发　黄燕文　编著

金盾出版社

内 容 提 要

本书由华中农业大学园艺林学学院郑世发教授等编著。编著者从蔬菜的形态特征、类型与品种、良种繁育、生长环境条件、栽培季节、播种期与播种、育苗与定植、田间管理、病虫害防治、采收、质量检测要求(外观)及采后处理等方面，以问答形式具体介绍了如何提高莴苣、芹菜、菠菜、藜蒿、蕹菜、苋菜、芫荽、荠菜、落葵、茼蒿、冬寒菜、叶用恭菜、金花菜、菊花脑、菊苣、茴香、番杏、紫背天葵、紫苏、薄荷、豆瓣菜、蕺菜等22种绿叶菜商品性的栽培技术。该书文字简明扼要，通俗易懂，先进性、实用性和可操作性强，适合基层农业技术人员和广大菜农阅读应用。

图书在版编目(CIP)数据

提高绿叶菜商品性栽培技术问答/郑世发，黄燕文编著．—北京：金盾出版社，2009.6
果蔬商品生产新技术丛书
ISBN 978-7-5082-5689-4

Ⅰ.提…　Ⅱ.①郑…②黄…　Ⅲ.绿叶蔬菜—蔬菜园艺—问答
Ⅳ.S636-44

中国版本图书馆 CIP 数据核字(2009)第051801号

金盾出版社出版、总发行
北京太平路5号(地铁万寿路站往南)
邮政编码：100036　电话：68214039　83219215
传真：68276683　网址：www.jdcbs.cn
封面印刷：北京印刷一厂
正文印刷：北京四环科技印刷厂
装订：海波装订厂
各地新华书店经销

开本：850×1168 1/32　印张：6.25　字数：144千字
2010年10月第1版第2次印刷
印数：10 001～18 000册　定价：11.00元

目 录

一、概　述

1. 什么是绿叶菜类蔬菜，包括哪些种类？

绿叶菜类蔬菜是主要以柔嫩的绿叶、叶柄和嫩茎为食用部分的速生蔬菜。

我国栽培的绿叶菜类蔬菜种类多，资源丰富。世界各国栽培的绿叶菜类蔬菜约 15 科 40 多种。我国有 13 科 20 余种，主要包括有莴苣、芹菜、菠菜、藜蒿、蕹菜、苋菜、芫荽、荠菜、落葵、茼蒿、冬寒菜、叶用恭菜、金花菜（菜苜蓿）、茴香、菊花脑、菊苣、番杏、紫背天葵、紫苏、薄荷、豆瓣菜、苦苣、蕺菜、榆钱菠菜、苦荬菜、罗勒等。

2. 绿叶菜类蔬菜的营养价值如何？

绿叶菜类蔬菜富含各种维生素和矿物质，含氮物质丰富，是营养价值比较高的蔬菜，其中维生素 C 的含量在 30 毫克/100 克以上的有荠菜、冬寒菜、金花菜、落葵、芫荽、苋菜、菠菜等。绿叶蔬菜是维生素 C 主要来源的蔬菜种类之一。所以每天应食用 400～500 克的绿叶蔬菜，以保证人体对维生素 C 的需要。绿叶蔬菜中胡萝卜素的含量也比较高，如菠菜、芹菜、蕹菜、落葵、冬寒菜、芫荽、茴香、荠菜、菜苜蓿等，每百克含胡萝卜素都在 2 毫克以上，因此能更好地满足人体对胡萝卜素的需求。另外，在绿叶蔬菜中还含有叶酸、胆碱、钙、铁、磷等，是孕妇和哺乳母亲的重要食品。绿叶蔬菜都具有愈病食疗功效，被国外誉为“绿色的精灵”，说明绿叶蔬菜对人体健康的重要性。

3. 绿叶菜类蔬菜在生物学特性及栽培技术上有哪些共同点?

绿叶菜类蔬菜在生物学特性及栽培技术上有以下 3 个共同特点。

(1)绿叶蔬菜对温度的要求可分为两类 一类原产于亚热带,需要温和气候,喜冷凉的绿叶蔬菜,生长适温为 15℃～20℃,适宜于秋播秋收、春播春收或秋播翌年春收。在冷凉的条件下栽培,产量高,品质好。在高温或高温干旱条件下栽培,则品质降低。如菠菜叶变小变薄,涩味增加;莴苣叶片变小变粗糙,则微带苦味。另一类原产于热带,喜温怕冷的绿叶蔬菜,生长适温为 20℃～25℃,在 10℃以下停止生长,遇霜易冻死,如苋菜、蕹菜等,但比较耐夏季高温,适应春播夏收,或夏播夏收,对增加夏季叶菜种类,特别是对解决早秋淡季供应有重要的作用。

(2)多数绿叶蔬菜根系较浅,在单位面积上种植株数较多 绿叶蔬菜从单位面积上吸收的营养元素量与甘蓝、番茄、黄瓜等相比虽然不大,但由于生长迅速,生长期短,所以在单位时间内形成单位重量的产品吸收的营养元素都较之大得多,因此对土壤和水肥条件要求较高,对养分需要比较严格,基肥、追肥都应施用速效性的,要求勤施薄施,以保证不断生长的需要。尤其是氮肥要充足,植物体内的大部分碳水化合物与氮形成蛋白质氮与叶肉蛋白质,只有少量形成纤维、果胶等,故叶片柔嫩多汁而少纤维,如氮肥不足,则植株矮小,叶少,色黄而粗糙,失去食用价值。

(3)绿叶蔬菜的食用部分都是营养器官 要使绿叶蔬菜的营养器官,特别是作为同化器官的叶片要充分发育,是栽培技术的关键。如果苗端早期花芽分化,则不仅叶数不再增加,而且由于营养物质大量流入生殖器官,使营养器官发育不良,品质也大大降低,所以促进营养器官的充分发育、防止未熟抽薹是绿叶蔬菜类面临的共同性问题。喜冷凉的绿叶蔬菜是低温长日照作物，但多数绿叶蔬菜如菠菜、莴苣的花芽分化并不需要经过较低的温度条件，而它们的抽薹开花对长日照敏感，在长日照条件下伴以适温便迅速抽薹开花，影响叶片的生长，从而降低品质；相反，在短日照条件下伴以适宜的低温能促进叶的生长，有利于提高产量和品质。喜温的绿叶蔬菜如苋菜、蕹菜是高温短日照作物，在春播条件下性器官出现晚，收获期长，而在秋播条件下性器官出现早，收获期较短。绿叶蔬菜的食用部位为营养器官，无严格的采收标准。它不但可以实行排开播种，早期上市的不仅能平衡市场供应，还可作为茄果类、瓜类、豆类等生长期较长的蔬菜接茬及间作套种菜，以增加复种指数，提高单位面积产量。

4. 绿叶菜类蔬菜在蔬菜栽培中的地位如何？经济效益怎样？

这类蔬菜包括的科、属、种，其形态、结构、风味各异，适应性广，生长期短，采收期灵活，在蔬菜的周年均衡供应、品种搭配、提高复种指数和提高单位面积产量及经济效益等方面占有不可替代的重要地位。

据王兴国于 2007 年对湖北长阳高山地区的调查，种植 667 平方米芹菜、生菜和香菜（芫荽）的生产成本及收益情况如下。

(1)芹菜　需土地租赁费 400 元，种苗费 103 元（农户自己育苗），肥料费 140 元，农药费 30 元，人工工资费 180 元，合计开支 853 元。每 667 平方米可收获 4 000 千克，每千克售价约 0.8 元，销售收入约 3 200 元。扣除开支，获毛利 2 347 元。

(2)生菜　土地租赁费 400 元，种苗费 78 元，肥料费 140 元，农药费 35 元，人工工资费 120 元，合计开支 773 元。每 667 平方米可收获 2 000 千克，每千克售价约 0.8 元，销售收入约 1 600 元。扣除开支，获毛利 827 元。

(3)香菜 土地租赁费400元,种子费5元,肥料费175元,农药费15元,人工工资费240元,合计开支835元。每667平方米可收获3000千克,每千克售价约1.20元,销售收入约3600元。扣除开支,获毛利2765元。

5. 什么是无公害蔬菜、绿色蔬菜(绿色食品)、有机蔬菜(有机食品)?

无公害蔬菜也称无毒害蔬菜或放心蔬菜,是指在一定生产环境条件下,按无公害蔬菜生产技术操作规程生产的蔬菜,其商品蔬菜中残留的农药、重金属、有害微生物等物质不超过国家规定的允许标准。具体地讲,一是农药残留不超标,不能含有禁用的高毒农药,其他农药残留不超过国家规定的允许标准;二是硝酸盐、亚硝酸盐含量不超标;三是"三废"(废气、废水、废渣)、病原微生物等有害物质含量不超过规定的允许量,以保证人们食菜的安全。

绿色蔬菜(绿色食品)是根据绿色食品的生产标准生产,经专门机构认定、许可使用绿色食品标志商标的无污染、安全、优质、营养类蔬菜。蔬菜达到绿色食品要求必须同时具备以下条件:①蔬菜产品或生产地必须符合绿色食品生态环境质量标准;②蔬菜种植、栽培管理过程及产品加工必须符合绿色食品的生产操作规程,产品必须符合绿色食品质量和卫生标准;③产品外包装必须符合国家食品标签通用标准,符合绿色食品的特定的包装、装潢和标签规定。

绿色食品分为A级和AA级两种。A级绿色食品系指产地的环境质量符合NY/T 391要求,生产过程中使用准则和生产操作要求,限量使用限定的化学合成生产资料,产品质量符合绿色食品的产品标准,经专门机构认定,许可使用A级绿色食品标志的产品。AA级绿色食品系指生产地的环境质量符合NY/T 391要求,但生产过程中不允许使用化学合成的肥料、农药、兽药、饲料添加剂、食品添加剂和其他有害于环境和身体健康的物质，按有机生产方式生产，产品质量符合绿色食品产品标准，经专门机构认定，许可使用AA级绿色食品标志的产品。AA级绿色食品已类似于有机食品。

有机蔬菜(有机食品)是指按照有机食品的生产、管理要求生产的蔬菜。有机食品系指生产过程中，不使用任何人工合成的化肥、农药、生长调节剂、饲料添加剂、食品添加剂、防腐剂等，也不采用基因工程获得的产品，而是采用传统农家肥培育的粮食、蔬菜、水果、茶叶等农产品，以及用天然饲料喂养的牲畜乳类与肉类加工食品，符合有机食品生产加工标准，并经有机食品管理组织颁发证书，供人们食用的一切食品。有机食品的生产是一种强调遵循自然规律，与自然保持和谐的一种良性和可持续发展的生产方式和生产过程。

6. 什么是农业标准化？实施农业标准化的意义是什么？

农业标准化，简单来说就是以农业为对象的标准化活动。具体来说是指运用“统一、简化、协调、优选”的标准化原则，对农业生产产前、产中、产后全过程，通过制定标准和实施标准，促进先进的农业成果和经验的迅速推广，确保农产品的质量和安全，促进农产品的流通，规范农产品市场秩序，指导生产、引导消费，从而取得良好的经济、社会和生态效益，以达到提高农业竞争力的目的。农业标准化的主要内容包括：术语、符号和代号；图形、表格文件及账目；数量与单位；品种、规格、等级与类别；性能及质量；包装与标志；开发和试产；环境条件；技术、作业、操作、方法和要求；运输与贮存；销售、服务及使用；试验与检验；农具、工具、仪器、设备、机械和条件；安全、卫生与环保；管理规程及管理方法等。

随着农业经济、农业种子技术的发展，也随着农业标准化自身的发展，农业标准化的内容也会越来越丰富。

实施农业标准化的意义是促进科技成果转化为生产力的有效途径，是提高农产品质量安全水平、增强农产品市场竞争能力的重要保证，是提高经济效益、增加农民收入和实现农业现代化的基本前提。推进农业标准化是农业和农林经济结构战略性调整的必然要求。

推进农业标准化是保障农产品质量和消费安全的基本前提。“民以食为天，食以安为先”。近年来，因农药残留、兽药残留和其他有害物质超标导致农产品污染和中毒事件时有发生，严重威胁了广大消费者的身体健康和生命安全。解决饮食安全问题的一个重要前提，就是要建立起与中国农业和农村生产力发展阶段相适应的农产品质量安全标准体系，检验检测体系和认证认可体系。在这三大体系中，农产品质量安全标准体系具有基础性的作用。推进农业标准化是促进农业科技成果转化和推进产业化经营的有效途径。没有农业的标准化就难以实现农业的产业化。

农业标准化是增强农产品国际竞争力和调节农产品进出口的重要手段。我国加入世贸组织后，价格优势在国际市场上受到了安全标准的挑战。2002 年我国 90%的农产品出口企业，不同程度地受到国外技术壁垒的影响。同时，由于我国标准“门槛”低，加之检测能力弱，客观上为国外农产品大量进入我国市场提供了便利。在此形势下，加快建立符合国际规范和食品安全的农业标准化体系，尽快缩短我国农产品质量、产品品位和科技含量方面与国际水平的差距，使其承担起扩大出口、调节进口的作用，既是取得农产品进入国际市场与竞争的“绿卡”，也是在国内市场迅速构筑我国的“防御工事”，培植能够与“洋货”抗衡的名牌农产品的需要，提高农业标准化水平，加快农业标准化的工作，已成为当务之急。

推进农业标准化是建设现代农业的现实选择。农业标准化是现代农业的重要标志。加快推行农业标准化，是推动和促进现代农业建设的重要力量。现代农业，不仅需要农产品品种标准化、农业生产技术标准化、农业生产管理也要标准化，还要求农业市场规范、农业经济信息建设也要标准化。没有农业的标准化，就谈不上建设现代农业。

7. 什么是无公害标准、绿色标准和有机标准？

无公害标准是指生产过程中允许限量、限品种、限时间使用人工合成的安全化学农药、化肥、兽药、渔药、饲料添加剂等，但在上市检测时不得超标；无农药残毒。

绿色标准是指生产过程中基本不使用化学合成的农药、肥料、食品添加剂、饲料添加剂、兽药及有害于环境和人体健康的生产资料，而是通过使用有机肥、种植绿肥、作物轮作、生物或物理方法等技术，培肥土壤、控制病虫草害、保护或提高产品品质，从而保证产品质量符合绿色产品标准的要求。

有机标准是一种完全不用人工合成的化肥、农药、生长调节剂和牲畜饲料添加剂的生产体系。有机农业是在可行范围内，尽量依靠作物轮作、秸秆、牲畜粪肥、豆科作物、绿肥、场外有机肥料、含有矿物养分的矿石补偿养分，利用生物和人工技术防治病虫草害。

8. 无公害绿叶菜类蔬菜对产地环境、产品质量标准以及生产技术规范有哪些要求？

一是无公害绿叶菜类蔬菜产地环境条件要求无公害绿叶菜类蔬菜产地必须具备良好的生态环境，有害的本底值符合国家规定的允许标准。也就是说各种有害物的残留量，应符合国家规定的允许标准。

二是无公害绿叶菜类蔬菜产品质量标准要求无公害绿叶菜类蔬菜产品的生产、加工、包装、贮运、销售等各个环节，必须符合我国《食品卫生法》的要求。其最终产品，必须经国家有关食品监测部门按标准检验,达到合格标准才可销售和食用。

三是无公害绿叶菜类蔬菜生产技术规范要求无公害绿叶菜类蔬菜作物栽培管理,必须严格遵循一定的技术操作规程。对于农药、化肥、植物生长调节剂的应用,必须严格执行国家规定的安全使用标准。灌溉水质,必须符合国家规定的水质标准。

绿叶菜类蔬菜中硝酸盐含量一般较高,必须严格执行合理施肥规程,不应单一施用氮肥,尤其要控制中后期的化肥施用量,避免氮肥过量。以施足基肥为主,大力增施腐熟的有机肥,采用配方施肥技术,有效地解决绿叶菜类蔬菜增施氮肥和控制硝酸盐含量之间的矛盾,防止污染蔬菜。

在绿叶菜类蔬菜无公害生产中,控制氮肥施用量是控制蔬菜硝酸盐含量超标的关键技术。最后一次追施氮肥应在采收前 20 天以上施用。

9. 什么是蔬菜的良种?蔬菜的优良品种应具备哪些条件?

任何一个蔬菜作物的良种,必须包括优良品种和优良种子两方面的含义。换句话说,良种是优良品种的优良种子。从优良品种的涵义来讲,良种必须保持从祖代遗传下来的优良种性,如适应性广,丰产性稳定,抗逆性强,生长期适宜,营养成分丰富,食用品质优良等优良品种的性状,这是由品种的遗传性决定的;对优良种子来说,品种纯度要高,真实可靠,同时要具有符合生产上所要求的优良播种品质,如净度高,杂质少,发芽率高,活力旺盛,种子充实饱满,均匀整齐,无检疫病虫害及杂草种子,种子充分干燥有利于贮藏等,这是由种子生产中栽培管理条件和种子加工工艺而决定的。这两个方面是构成蔬菜作物良种的基本因素,必须同时具备,同等重要,不容偏废。

蔬菜作物品种是一种重要的蔬菜生产资料。优良品种就是在生产中表现优良的品种，是指能够比较充分地利用自然栽培环境中的有利条件，避免或减少不利因素的影响，并能有效地解决生产上的一些特殊问题，在丰产性、优质性、适宜的熟性、抗逆性、抗病虫性、耐贮运性等性状中至少有一个或多个表现突出。如丰产性方面，要求在一定的栽培管理条件下，能获得较高的产量，一般要比普通品种增产10%以上。对于早熟品种来说，则要求前期产量更高；优质性应包括外观品质、食用口感品质及营养品质等。如果一个品种在外观上表现为美观、整齐，或在食用口感品质上表现为风味突出，口感性好，或在营养品质上具有特殊的营养价值，那么，这个品种的销售价格就会高于普通品种，也就必然会获得更高的经济效益。在适宜的熟性方面，对于优良的蔬菜品种，则要求具备该地区生产熟性所要求的标准，在管理条件较好的情况下，只有生产期和熟性适宜，才能发挥较大的增产潜力，才能获得更高的经济效益。抗逆性，是指某一品种对不良环境条件的适应能力，主要包括抗旱性、抗寒性、耐热性、耐弱光性及耐盐碱性等，如果一个品种具有较好的抗逆性，那么，在某些不利的环境下，这个品种也会获得比普通品种高得多的产量，以及高的经济效益。抗病虫性，具有较强抗病虫性的品种，即使在病虫流行时，也能获得稳定的高于普通品种的产量，同时还可以减少农药的使用，从而大大提高经济效益。在耐贮运性方面，主要指耐贮藏运输的品种，对保证蔬菜的周年供应，调剂淡季的余缺及异地供应能发挥较大的作用。

任何一个优良品种也不会尽善尽美，完美无缺。实际上，优良品种只是一个相对的概念，它具有一定的时间性和地域性，即一个品种在一定时期内是优良品种，但随着时间的推移，环境条件的变化，市场需求的改变以及新的优良品种的出现等，原来优良的品种可能就不再是"优良"的品种，而成为被淘汰的品种。同样，优良品种作为一个品种也是有其一定的适应地区的，即某个优良品种在特定的地区，可以表现出优良的特性，可以给种植者带来较好的经济效益,但如果引种到另一个地区,这个优良品种可能就表现不出其优良的特性,也就不再是优良的品种。此外,有些优良品种对其栽培季节、栽培方式及栽培技术都有特定的要求,如果不能根据其特点进行适宜的栽培管理,那么优良品种也不能表现优良。为了促进蔬菜生产的持续发展,就必须选育出更优良的品种来更换原来的品种。因此,在蔬菜生产活动中,品种更换是在不断进行的。

10. 绿叶菜类蔬菜已制定了哪些种子质量标准?蔬菜的种子质量应如何鉴定?

随着我国种子质量体系的逐步健全和发展,我国对种子质量已制定了一系列标准,对部分绿叶菜类蔬菜种子的纯度、净度、发芽率及水分含量等均规定了明确的指标(表1、表2);同时,根据相应指标,对种子进行了等级划分。根据国家的有关规定和要求,种子经营单位应在种子说明书或包装袋上标注种子的质量指标,并对相应的品种特征特性,栽培要点和注意事项进行简要的概述和说明。对于没有国家标准的,可参照各省、直辖市、自治区制定的地方标准或种子说明书或包装袋上标注的种子质量指标。

表1 部分绿叶菜类蔬菜种子质量标准 (单位:%)

名称	级别	纯度不低于	净度不低于	发芽率不低于	水分不高于
芹菜	原种	99	95	65	8
	良种	92			
菠菜	原种	99	97	70	10
	良种	92			
莴苣	原种	99	96	80	7
	良种	95			

注:引自 GB 16715.5—1999。此标准适用于常规种子及杂交种子

表 2　部分叶菜类蔬菜种子质量标准　　（单位:%）

名称	级　别	纯度不低于	净度不低于	发芽率不低于	水分不高于
茼蒿	原　种	99	99	75	10
	一级良种	97	97	75	
	二级良种	95	95	70	
	三级良种	90	93	60	
芫荽	原　种	99	99	85	9
	一级良种	97	99	85	
	二级良种	95	98	80	
	三级良种	90	97	70	
苋菜	原　种	98	99	80	12
	一级良种	95	97	80	
	二级良种	90	95	75	
	三级良种	85	93	70	
蕹菜	原　种	98	99	80	13
	一级良种	95	97	80	
	二级良种	93	95	75	
	三级良种	90	93	70	
茴香	原　种	99	99	85	10
	一级良种	97	98	85	
	二级良种	95	94	80	
	三级良种	90	90	75	

注:引自 GB 8079－1987。此标准只适用于常规种子,不适用于杂交种子

按照国家标准的规定,蔬菜种子质量鉴定,包括许多方面的内容,一般用物理、化学和生物学的方法进行测定,但考虑到实用性及可操作性,这里只简要介绍几项与种植者密切相关的指标的鉴定方法,供广大读者在实践中参考。如果种植者经过自己的鉴定,

发现种子质量存在问题，则要及时向供种单位反映，协商解决办法，必要时还要提请有关权威部门对种子进行检验与鉴定。

(1)种子的净度 种子的净度是指从样品种子去掉杂质、残次种子及其他植物种子后留下的本作物种子的重量占被检样品总重量的百分数。种子净度低，就会降低种子的利用率，还可能会对种子的贮藏时间造成不利的影响。

$$种子净度=\frac{去掉杂质和其他作物种子的样品重量}{样品重量}\times 100\%$$

(2)种子的发芽率 种子的发芽率是指样品种子中发芽种子的百分数。

$$种子发芽率=\frac{发芽种子粒数}{样品种子粒数}\times 100\%$$

种子发芽率是种子质量的一项重要指标，是确定播种量的主要依据。

测定发芽率的方法及需要的条件，不同蔬菜要求不同。我国制定的农作物种子检验规程，对发芽率的检验方法进行了如下规定(表3)。

表3 部分绿叶菜类蔬菜发芽率的检验方法

种类	发芽床	温度(℃)	初次计数(天数)	末次计数(天数)	附加说明包括破除休眠的建议
芹菜	TP	15～25;20;15	10	21	预先冷冻
落葵	TP:BP	30	10	28	预先冷冻;GA_3
茼蒿	TP:BP	20～30;15	4～7	21	
芫荽	TP:BP	20～30;20	7	21	
茴香	TP:BP:TS	20～30;20	7	14	
蕹菜	BP:S	30	4	10	
莴苣	TP:BP	20	4	7	
菠菜	TP:BP	15;10	7	21	

注:1. 表中符号代表 TP—纸上,BP—纸间,S—砂,TS—砂上
2. 引自 GB/T 3543—1955《农作物种子检验规程》

按照《农作物种子检验规程》，发芽床用的纸一般为2层滤纸，

所用砂粒的大小也有具体的规定。对于种植者来说，完全按照《农作物种子检验规程》的要求，可能很难做到，但也可以采用简单的方法，如可以将种子数好后，用湿纱布或湿毛巾包好，放在适宜的温度条件下进行催芽，催芽过程中要始终保持纱布或毛巾湿润，每天要打开纱布或毛巾检查种子，并将发芽的种子取出计数，到规定的时间再将每天发芽的种子数相加计算发芽率。

需要注意的是，有些种类的蔬菜或某些蔬菜品种在采收后，都有一段时期的休眠期，如果在休眠期内进行发芽率的检验，则会表现为不发芽或发芽率极低。因此，如果在种子休眠期内需要对种子进行发芽率检验，则必须先对种子进行打破休眠的处理，然后再进行发芽率检验。

在特殊情况下，测定发芽率也可采用将种子播种到土壤中的办法，根据出苗情况来计算发芽率。

(3)品种的真实性与种子纯度　品种的真实性与种子纯度是种子质量的重要标准之一。品种的真实性是指一批种子所属品种与标签品种说明是否相符合，即是否是品种本身，而不是假种子。品种的真实性要根据品种固有的特异性状来判断。

种子的纯度指的是符合本品种典型特征特性的样品数占所供样品总数的百分数，其计算公式如下。

$$种子纯度=\frac{样品个体总数-非本品种个体数}{样品个体总数}\times 100\%$$

检验种子纯度的方法可分为室内检验和田间检验。室内检验主要通过种子形态和幼苗形态等方法进行检验。田间检验是将种子在田间进行种植，在其品种特征、特性充分表现出来以后，再进行观察鉴定。田间检验是最可靠和最准确的方法。

(4)种子含水量　种子含水量除了影响种子的质量外，主要是影响种子的贮藏期。含水量高的种子，在贮藏过程中往往容易发霉及降低种子发芽率。含水量的测定需要使用专门测定种子含水量的手持式快速测定仪或使用烘箱等特定的仪器才能完成，具体方法这里不再作详细介绍。

11．提高绿叶菜类蔬菜商品性的主要栽培技术有哪些？

影响绿叶菜类蔬菜商品性的因素很多，概括起来主要包括栽培方法、栽培条件、收获方法及产品处理贮藏技术、运输方式和方法等方面。

(1)选择适宜的栽培品种　不同的栽培品种之间对绿叶菜类蔬菜商品性影响大，主要是与遗传性有关，因此采用优良的品种是提高绿叶菜类蔬菜商品性的基础。

(2)创造适于绿叶菜类蔬菜生长发育和改善提高商品性的良好环境条件　具有优良的商品性特性的品种，还必须有良好的环境条件才能使其优良的商品性得以表现。环境条件中光质、光照强度对产品的色泽及营养成分、质地有很大影响；日照长度、温度、水分等，也影响到商品性的各个方面；营养条件与气体对产品的颜色、营养价值具有重要作用。此外，病虫害的发生对产品质量的影响也是不可忽视的因素。

(3)掌握适宜的采收时间、采用正确的采收方法　绿叶菜类蔬菜到采收期间，产品的商品性的各个方面均会发生显著的变化。如有些绿叶菜类蔬菜过早或过晚收获均会使其品质降低，选择适合的收获时间是提高绿叶菜类蔬菜商品性的有效途径之一。不正确的采收方法也会降低绿叶菜类蔬菜的商品性，应根据不同种类或品种的绿叶菜类蔬菜，采用与之相适应的采收方法。

(4)采后处理　绿叶菜类蔬菜产品在收获以后，作为商品菜就必须进行商品化处理。所谓商品化处理，就是对采收后的产品按照商品要求进行加工、分级、整理，经过这种处理后，对于保持产品的优良品质，提高商品性有显著作用，从而使产品增值。

(5)加强流通过程中的管理　在流通过程中，采取适宜的包装、贮运和销售方法，控制各种外界环境条件对商品质量的不良影响，防止或延缓商品质量的劣变，这是提高绿叶菜类蔬菜商品性的极为重要方面。

12. 制定绿叶菜类蔬菜生产计划的原则是什么？

(1)要符合国家种植政策，以市场为导向　作为绿叶类蔬菜生产者或一个农业部门，对其产品的市场销路应做到心中有数。所以种植什么，种植多大规模，产品销售渠道，销售对象以及投入产出比等问题，均应在制定计划时认真考虑并预作安排，不能盲目种植和低效种植。

(2)坚持开发生产优质产品，能占有市场份额　绿叶菜类蔬菜与其他蔬菜或农产品一样，进入市场以后，优质价廉的产品易占有市场份额。因此，制定计划时，应考虑生产或开发优势产品、特色产品，改变过去品质差，能耗大，单一追求产量高的种植观念。

(3)因地制宜，从实际出发　绿叶类蔬菜生产受环境因素的影响很大，有些品种或种类有一定的地域性，每个地区也有特定的相对稳定的生态环境，如土壤肥力、气温、积温、降雨量、无霜期等因素，在制定种植计划时，应结合本地生态环境，安排绿叶菜类蔬菜的种植或品种，使其最大限度发挥自身优势，最大限度地降低不利环境因素的影响。

在制定生产计划前，应认真考虑种植者本人或应了解本部门或本单位技术人员的技术水平、财务状况、物资储备情况、农机条件、职工素质等因素，根据种植者本人或单位实际能力，安排种植绿叶菜的种类及种植面积。

13. 怎样编制绿叶菜类蔬菜的种植计划？

在符合种植原则的前提下，即可编制种植计划，种植计划包括以下内容。

(1)作物名称 种植哪些绿叶菜类蔬菜，包括露地栽培和保护地栽培的品种均应安排好。

(2)种植面积 同一种绿叶菜类蔬菜其品种间应有合理的搭配，避免因品种单一造成病虫害流行而对蔬菜生产造成较大损失，同时要避开因采收集中上市给经济效益带来影响。

(3)地块分配 每种绿叶菜作物种在哪块地上，应根据土壤特点和不同绿叶蔬菜作物对环境条件要求安排，如靠近河、渠、井的低洼渍水地块可安排种植喜水、比较耐涝的绿叶菜类蔬菜，如豆瓣菜、蕹菜等。

(4)茬口安排 绿叶菜类蔬菜因生长期短，植株较小，适于密植，所以适用于间套作。为了提高其复种指数，光、温条件比较好的地区，可安排一年三四茬或一年多茬，这样可充分利用资源，扩大种植面积。还应注意前后茬之间的衔接。①有的作物不耐重茬，应注意换茬。②在时间安排上，若一年种植两季或三季，应前后茬兼顾，可选用一些早熟品种进行调剂。

(5)其他 在编制计划时，还应考虑农机条件、贮藏保鲜能力和劳动力集中使用等因素。

在编制种植计划时，不但要继承前人的经验，更重要的是根据现有条件有所发展。根据市场变化和需求，不断调整、修订种植方案，充分论证计划的可行性，使得整套种植计划尽可能符合本地区的实际情况。

14. 如何制订绿叶菜类蔬菜田间管理方案？

落实种植计划是以田间管理方案来体现的，所以生产者本人或单位还需制订出一套适应种植计划的田间管理方案。田间管理方案包括绿叶菜类蔬菜作物从种到收直至销售的全过程。

(1)整地 整地时间，质量要求，整地的工作顺序，农机具名称、规格、数量等。要充分考虑自然条件中可能出现的不利因素的影响，如遇降雨造成土壤黏重不宜耕作等因素。

(2)播种　不同绿叶菜类蔬菜的播种时间，不同播种期的播种量，播种方式，种子催芽或不催芽，开始时间，完成时间等，都应在计划中明确反映。

(3)肥水管理　管理时期，化肥名称，化肥用量，施用方法，浇水时间，浇水方法，浇水量等，也应提前做好计划。

(4)病虫草害防治　防治对象，防治时期，用药名称，用药量，施药方法，稀释倍数或掺土量，所用机器名称、规格等都要一一计划。

(5)中耕管理　包括中耕除草，中耕施肥，中耕培土等作业时间、次数等。

(6)收获　包括收获对象，收获田块，收获时间，收获次数，收获产品标准，收获工具，盛放产品容器，每天收获面积数量等。

(7)采后处理　包括收获产品的质量检测、整理、清洗、分级、包装直至运到市场上市等。

此外，田间管理还应包括清洁田园以及随时出现问题的处理方案等。

在制订田间管理方案时，要充分考虑环境因素中的不可预测部分和绿叶菜类蔬菜生长发育的特点，在蔬菜作物生产中，有些环境因素还无法提前一个生产季节预测，如刮风、降雪、降雨时间、降水多少等因素。另外，蔬菜作物是有机体，生长发育对环境的依赖性很强，所以制订管理方案时，应留有余地，不能太死，应根据环境因素的变化和蔬菜作物生长发育的变化相应做出修订和调整，并做到不影响下一生产环节的实施。

总之，制订田间管理方案时，既要具体，以便做好生产资料的准备；又要灵活，以适应环境因素的变化。

二、莴　苣

15. 莴苣的形态特征如何？

莴苣是菊科莴苣属1～2年生蔬菜。莴苣的根为直根系，直根的主根长达150厘米，经育苗移栽后主根多分布在20～30厘米的土层内，侧根很多，须根发达。莴苣的茎为短缩茎，但莴笋在植株莲座叶形成后，茎伸长肥大成为笋状，是由胚轴发育的茎和花茎所形成。茎的外表为绿色、绿白色、紫绿色、紫色等；茎内肉质，有绿、黄绿、绿白等色。叶为根出叶，互生于短缩茎上，叶面光滑或皱缩，有绿、黄绿、绿紫等色；叶形有披针形、长椭圆形、长倒卵圆形等形状。叶用莴苣在莲座叶形成后，心叶因品种的不同结成圆球、扁球、圆锥、圆筒等形状的叶球，叶缘波状、浅裂、锯齿形。莴苣内含乳状色汁液，其成分为糖、甘露醇、树脂、蛋白质、莴苣素、橡胶和各种矿物盐。莴苣花为圆锥形头状花序，每花序有小花20朵左右，淡黄色，自花授粉，有时通过昆虫异花授粉。一般开花后11～15天种子成熟。种子为瘦果，小而细长，呈灰黑色或黄褐色，成熟后顶端有伞状冠毛，可随风飞散。采种应在种子飞散之前，以免损失。种子千粒重0.8～1.2克。

16. 莴苣的生育周期怎样？

莴苣的生长发育周期可以分为以下几个时期：

(1)发芽期　从种子萌动至子叶展开、真叶显露即“露心”，需8～10天。

(2)幼苗期　“露心”至第一个叶环的叶展开，俗称“团棵”。一般直播的需17～27天，育苗移栽的约需30天。

(3)莲座期　从“团棵”至第二叶序完全展开，结球莴苣心叶开始卷抱，莴笋嫩茎开始伸长和加粗，需15～30天。此期叶面积扩大是产品器官生长的基础。

(4)产品器官形成期　莴笋进入莲座期后短缩茎开始肥大，但相对生长率不高，为茎的肥大初期。此后茎、叶生长齐头并进，茎迅速膨大，叶面积继续扩展，达生长最高峰后两者同时下降，开始下降后10天左右达到适宜采收期。结球莴苣从团棵后，边扩展外叶，边卷抱心叶，至莲座期心叶已有球的雏形。进入结球期，莲座叶继续扩展，心叶加速卷抱形成肥大的叶球。此期与甘蓝、大白菜等不同，结球莴苣的莲座期与结球期间的界限不太明显。根据品种栽培条件的不同，这个时期需30天。

(5)开花结果期　从抽薹开花到果实成熟，一般开花后15天左右蒴果成熟。

17. 莴苣有哪些类型和优良品种?

莴苣按产品器官可分为茎用莴苣和叶用莴苣两类。

(1)茎用莴苣　即莴笋。为莴苣属莴苣种，能形成肉质茎的变种。根据莴笋叶片形状可分为尖叶莴苣和圆叶莴苣两个类型。各类型中依茎的色泽又有白笋(外皮绿白)、青笋(外皮浅绿)和紫皮笋(紫绿色)之分。

一是尖叶莴笋。叶片披针形，先端尖，叶簇较小。叶面平滑或略有皱缩，绿色或紫色。肉质茎为棒状，下粗上细。较晚熟，苗期耐热，可作秋季或越冬栽培。该类莴苣主要有以下品种：①杭州尖叶莴笋。杭州地方品种，株高40～50厘米，开展度约35厘米。叶披针形，绿色；叶缘波状，叶上半部平滑，下半部皱缩。茎长21～27厘米，横径4厘米，棍棒形，皮和肉淡绿色，茎重175～200克。为早熟种，耐寒，抗病性中等。肉质密，品质中等。②上海细尖叶莴笋。其品种性状与杭州尖叶莴笋相似。③南京白皮香(鸭蛋头)。南京地方品种,叶长椭圆形,先端尖,叶面皱缩,茎皮和肉都是绿白色。早熟,抗霜霉病,品质好。④湖南大尖叶莴笋。湖南地方品种,为尖叶种,叶长而宽,边缘波状,茎长25～30厘米。为晚熟种。⑤重庆万年桩。重庆地方品种,叶直立,披针形,淡绿色;茎粗,上下一致,节密;皮淡绿色,肉绿色,品质好。产量高,抽薹晚。为晚熟种。⑥成都尖叶,又称成都秆或青麻叶。成都地方品种。叶直立,披针形。茎粗,节密。皮绿色。品质好,产量高,适应性强。抽薹晚,为晚熟种。⑦贵州双尖莴笋。贵州地方品种,叶披针形,绿色。抽薹时,茎尖分化为两个生长点,微弯曲。抽薹迟,耐热。为中熟种。

二是圆叶莴笋。叶片长倒卵形,顶部稍圆,叶面皱缩较多,叶簇较大。节间密,茎粗大(中下较粗,两端渐细)。成熟期较早,耐寒性较强,不耐热,多作越冬春莴笋栽培。该类莴苣主要有以下品种:①杭州圆叶莴笋。杭州地方品种。株高45～50厘米,开展度38厘米左右。叶尖椭圆形,浅绿色,微皱。茎长25～30厘米,横茎5厘米左右,形似纺锤,浅绿色,重0.25～0.5千克。抗病,耐寒,晚熟。品质好。②上海大圆叶。上海地方品种。叶宽而圆,皱缩,茎粗大,白皮绿色。抽薹迟。③南京紫皮香。南京地方品种。叶宽大,皱缩,青绿色,有紫色晕或全紫红色。茎皮青带紫色条纹,肉青色,品质好。抗霜霉病,为中晚熟品种。④湖北孝感莴苣。湖北孝感地方品种。株高50厘米左右,节间较密,叶形呈倒卵形,似宝剑头。叶全缘或浅波状,叶背中肋突起,叶面近中肋处皱缩。叶色绿,叶中上部叶缘呈淡紫色,中肋淡绿色。叶略开张,中部茎长圆柱形,中下部较粗,先端较细,长约40厘米,粗4.2厘米。皮色绿,节间略带紫色,肉色绿白。品质较佳,耐寒性较强,作秋季或越冬栽培。⑤湖南锣锤莴笋。湖南地方品种。圆叶种,叶面皱缩。茎下大上尖,长约25厘米。品质好,产量高。为中熟种。⑥湖南白叶莴笋。湖南地方品种。圆叶种,叶黄绿色。茎长约25厘米。

品质好,产量较高,晚熟种。⑦二白皮密节巴莴笋。成都地方品种。叶直立,倒卵圆形,浅绿色,叶面皱缩。茎粗、节密,皮草绿色,肉浅绿色。品质好,耐热,不易抽薹。⑧成都挂丝红。株高及株幅各 50 厘米左右,叶绿色,心叶边缘微红。茎皮绿色,叶柄着生处有紫红色斑状,茎肉绿色质脆。单株重 500 克左右。早熟,宜作越冬春莴笋栽培。

(2)叶用莴苣　叶着生于短缩茎上,叶色浅绿色,或深绿色,或紫红色。叶面平滑或皱缩,边缘有缺刻,不结球的称散叶莴苣,结球的称结球莴苣,又可分为下列 3 种。

一是结球莴苣。叶全缘,有锯齿,叶面光滑或微皱缩。心叶形成结球,呈圆球形至扁圆球形,外叶开展。该类莴苣主要有以下品种:①玻璃生菜。广州地方品种。株高 25 厘米,开展度 27 厘米。叶近圆形,黄绿色,叶缘波状,叶面皱缩,心叶抱合,单株重 0.2～0.3 千克,中熟种。②广州结球生菜,又名青生菜,广州地方品种。叶片半直立。株高 24 厘米,开展度 29 厘米左右。叶片近圆形,青绿色,叶面微皱。心叶抱合成球状,单株重 0.3～0.6 千克。适应性强,晚熟种。③大湖 659。为引自美国的品种。新叶有较多的皱褶,叶缘缺刻。叶球大,质脆,结球紧实,产量高。叶球重 500～600 克。品质好。耐寒性强,不耐热。中熟种,生育期约 90 天,适于露地及保护地栽培。④皇帝。为引自美国的品种。株高 19 厘米,叶绿色,叶面微皱,叶缘波状,叶球高 15 厘米,横径 12 厘米。近圆形,中等大。单球重 500 克。质脆嫩,品质优良。早熟,生长期 85 天。抗病、耐热,适应性广,适于早春露地和夏季遮荫栽培。⑤恺撒。为日本品种。极早熟,生育期 80 天。抗病性强。在高温下结球良好,开展度中等,生长整齐。抽薹晚,球内中心柱极短,单球重 500 克。抱球紧,品质好。适于春秋设施及夏季露地栽培。

二是散叶莴苣,或称长叶莴苣。叶全缘或锯齿状,外叶直立,一般不结球,或有松散的圆筒形,或圆锥形的叶球。欧美栽培较多。该类莴笋主要有2个代表品种：①牛利生菜。广州郊区地方品种。叶较直立，株高40厘米，开展度49厘米。叶片倒卵形，青绿色。叶缘波状，叶面稍皱，心叶不抱合。单株重300克。抗性较强，但品质较差。②登峰生菜。广州地方品种。株高30厘米，开展度36厘米。叶片近圆形，淡绿色，叶缘波状。单株重300克左右。

三是皱叶莴苣。叶片深裂，叶面皱缩，有松散叶球或不结球。该类莴笋主要有以下品种：①软尾生菜，又称东山生菜，为广州市郊农家品种。株高25厘米，开展度27厘米。叶片近圆形，较薄，黄绿色，有光泽，叶缘波状，叶面皱缩，心叶抱合。单株重200～300克，耐寒不耐热。②鸡冠生菜。为吉林地方品种。叶片卵圆形，浅绿色，叶缘有缺刻，曲折呈鸡冠形，不结球。单株重300克。抗病，耐寒，耐热。生育期50～60天。春栽抽薹晚，叶质脆嫩，宜生食。

此外，近几年国内新育成和从国外引进了一些新品种，各地可引进试种。如紫叶生菜、特级玉湖生菜、花叶生菜、绿裙生菜、奥林匹亚生菜、萨林娜丝生菜、4月生生菜、京优1号生菜、罗马直立生菜、罗莎散叶生菜、意大利全能生菜、百胜生菜、全年耐抽薹生菜、美国加州大速生菜、汉城散叶生菜、特红皱紫叶生菜、红生菜、甜脉菜生菜、绿波生菜、东方福星生菜、东方脆新生菜、东方凯旋生菜、绿脆湖生菜、马耳青生菜、马耳红生菜、紫罗兰生菜、克瑞特生菜、索琳娜生菜、绿翡翠生菜、胜利生菜、舞裙——改良浓绿大速生生菜等。

18. 莴苣的良种繁育技术是什么?

(1)莴笋留种 莴笋以越冬的春莴笋留种。留种地应选择排水良好和不太肥沃之地，否则茎部柔嫩而易于腐烂，影响种子产量。

莴苣是自花授粉作物，但也有1%的异花授粉率。在留种时品种间要有1000米的间隔距离，以保证品种纯度。春莴笋留种时，一般在大田里选留无病、抽薹晚、嫩茎粗大、无裂口、叶片少、节间密、无侧枝的、符合本品种特征特性的植株做种株，去掉下部老叶，精心管理，促使花茎生长侧枝，于5～6月份开花时，再适当摘除下部的分枝，并立支架，防止花茎被风吹折断。一般开花后20～25天，种子即可成熟。成熟的种子很轻，有伞状冠毛，能随风飞散，因而采种应分期进行。当种株叶片发黄，种子呈褐色或银灰色，发生白色冠毛时，就应及时剪取成熟花序。全株有1/3左右种子成熟时，即连根拔起，晒数天后脱粒，风选除去碎皮、瘪子、冠毛、枝叶等杂物，再晒干收藏。一般早熟和中熟种子于6月中旬前后收获，晚熟种子在7月中旬前后收获。种子千粒重1.1～1.5克。每667平方米可收种子15～20千克，种子使用年限约为2年。

(2)叶用莴苣留种　叶用莴苣留种方法基本上可参照莴笋的留种方法。可在纯度高的田块内精选生长整齐、无病虫害、符合本品种特征特性的优良种株留种。结球莴苣应选叶片圆形、结球早而紧、顶叶盖严、无裂球、无病虫害、抽薹晚的为佳；散叶莴苣应选叶片多、生长快、无病虫害、抽薹晚、叶形叶色等符合原品种特征特性的为佳。叶用莴苣留种田内的管理操作与莴笋留种田管理相同。

(3)莴苣秋季留种　上海、武汉等地利用大、中塑料棚在秋季留种的方法如下。

①适时育苗　6月下旬至7月上旬播种。种子经过浸种低温处理后，播于用湿砻糠为基质的育苗盘内，置于凉爽处催芽育苗。平时掌握盘内基质略湿润，湿度为20%～25%，约4天可出苗。播后7～8天，将幼苗移于塑料中棚内营养块中，穴距8厘米，移苗后随设小拱棚，上盖遮阳网或芦帘遮光降温。根据天气情况及苗情，掌握苗期水分及遮阳网的揭盖管理。

②适时定植 一般苗龄20～25天，有4～5叶时，带营养块定植于大、中棚内。定植前须早日翻耕土地，做深沟高畦，畦宽连沟170厘米，趁墒情合适时，用地膜覆盖地面，以便随时可定植。密度为畦宽连沟170厘米，种4行，株距33厘米，每667平方米栽4 500株。随定植随浇定根水，并设小拱棚，用遮阳网降温。

③田间管理 根据天气情况及苗情，及时进行肥水管理，以淡水轻肥轻浇勤浇为宜。中、后期可增施磷、钾肥，提高抗逆能力。随时拔除杂草。掌握好棚内温度、光照的管理。前期要降温，后期防止温度过低。8月下旬至9月上旬，株高50厘米左右时及时搭架防止倒伏，并做好蚜虫和白粉病的防治工作。

④适时采种 莴苣一般在9月上旬抽薹，10月上旬开花，10月中旬可见种子顶端的伞状冠毛，10月底至11月下旬种子成熟。此时可分批采收，晒干后贮藏备用。一般每667平方米产种子15～20千克。

19. 莴苣生长发育需要什么环境条件？

(1)气候条件 莴苣喜冷凉，忌高温，稍耐霜冻。其种子发芽的最低温度为4℃，但需时间较长；发芽的适宜温度15℃～20℃，4～6天可以发芽；30℃以上种子进入休眠状态，发芽受阻碍。在炎热高温季节播种时，种子需进行低温处理。如果在5℃～18℃下浸种催芽，种子发芽良好。

莴苣在不同的生长时期所要求的温度不同，幼苗可耐－5℃～－6℃的低温，但成株的耐寒力减弱。幼苗生长的适宜温度为12℃～20℃，当日平均温度达24℃左右时生长旺盛；但温度过高，地表温度高达40℃时，幼苗根轴因受灼伤而倒苗。莴苣茎叶生长时期适宜的温度为11℃～18℃。在夜温较低、温差较大的情况下，可降低呼吸的消耗，增加养分的积累，有利于茎部的肥大。如果日平均温度达24℃以上，夜温长时间在19℃以上时，呼吸强度大，消耗养分多，干物质向食用部分的分配率降低，易发生徒长，而影响茎部增粗，致使茎出现细长的现象。较大的植株遇0℃以下的低温会受冻害而死亡。开花结实期要求较高的温度，在22.3℃～28.8℃的温度范围内，温度愈高，从开花到种子成熟所需时间愈短，低于15℃开花结实受影响。

结球莴苣对温度的适应范围较莴笋小，既不耐寒也不耐热。结球时期的适温白天20℃～22℃，夜间12℃～15℃。温度过高，日平均温度超过20℃以上，就会造成生长不良，出现徒长，不易形成叶球或因球内温度过高引起心叶坏死和腐烂。不结球莴苣对温度的适应范围介于莴笋与结球莴苣之间。

(2)对土壤营养条件要求　莴苣的根对氧气的要求高，其根系在有机质丰富、保肥、保水力强的黏质壤土或砂壤土中发展很快，有利于水分、养分的吸收。在缺乏有机质，通气不良和瘠薄的土壤中根系发育不良，使叶面积的扩展受阻碍则结球莴苣的叶球小，不充实，品质差，莴笋瘦小，并且木质化。

20. 如何确定莴苣的栽培季节和播种期?

莴苣喜冷凉气候条件，茎叶生长最适温度为11℃～18℃。成株不耐寒，在长日照和高温条件下容易抽薹。在冬季较冷的地区，以春季栽培为主；在冬季比较暖和的地区，除春、秋栽培外，还可适当提前或延后栽培。现依据收获期分为春、夏、秋、冬四季莴苣，其栽培季节见表4。据汪李平等总结了近年通过保护地冬季防寒保温和夏季遮阳防雨降温栽培技术，莴笋可以做到排开播种，全年供应见表5，不仅丰富了市场蔬菜的花色品种，而且增加了经济收益。

叶用莴苣适应性强，可参考莴笋的栽培季节。结球莴苣对温度的适应范围较小，不耐低温和高温。长江以南各地秋冬播种，春季收获，或秋播冬收。广州冬季暖和，较少冻害，播种期为8月至翌年2月，9月至翌年4月陆续收获，但以10～12月播种、12月至翌年3月收获为主要栽培季节。西南地区可春播夏收，或秋播冬收。近年来，长江流域的一些地方经过试验，根据叶用莴苣的生育期，随各个时期温度变化和品种的不同，在夏季（6月下旬至9月下旬）遮阳防雨，降温降湿，冬季（11月至翌年4月上旬）采取多层覆盖等保护性措施，采用小批量多期播种（全年约20个播期），15～20天播种1次，可以做到全年生产和均衡供应。

表4 不同地区莴苣的播种期和收获期

（引自《蔬菜栽培学各论》南方本，2003）

地区	栽培方式	主要品种	播种期	定植期	收获期
上海	春莴笋	细尖叶、小尖叶、大尖叶、大圆叶、小圆叶等	9月下旬至10月上旬	10月下旬至11月下旬　11月下旬至12月	3月下旬至4月上旬
			10　月	12月上旬至翌年1月上旬	4　月
	夏莴笋	大圆叶、大尖叶	1月下旬至2月上旬	3月下旬至4月上旬	5～6月
	秋莴笋	大圆叶、大尖叶	8月上旬	8月下旬至9月上旬	9月下旬至10月下旬
	冬莴笋	大尖叶、大圆叶	8月下旬	9　月	11月下旬至12月下旬
杭州	春莴笋	笔杆种、杼子种	10月下旬至11月上旬	11月下旬至12月	3～4月
	秋莴笋	杼子种	8　月	8月下旬至9月上旬	10月至11月上旬
	夏莴笋	笔杆种、杼子种	1　月	3月下旬	4月下旬至5月

续表 4

地区	栽培方式	主要品种	播种期	定植期	收获期
武汉	春莴笋	孝感莴笋、尖叶红	9月下旬至10月上旬、10月	11月至翌年1月　12月至翌年1月	3月下旬、3月上旬至4月中旬
	夏莴笋	尖叶红、紫莴笋、花叶莴笋	11　月	12月下旬至翌年2月、2月至3月上旬	4月下旬至5月上旬　4月下旬至5月中旬　5月中旬至5月下旬
	秋莴笋	西宁莴苣、北京尖叶、宜昌尖叶	8　月	8月下旬至9月上旬	9月下旬至11月
南京	春莴笋或夏莴笋	白皮香、青皮香、紫皮香等	10月上旬	11月下旬至12月下旬	4月下旬至6月上旬
	秋莴笋或冬莴笋	紫皮香、竹竿青	8月中旬	9月中旬	10月上旬至11月下旬
长沙	春莴笋	竹青、锣锤、白叶、尖叶	10月上旬至翌年1月	11月至翌年2月上旬	3月下旬至5月上旬
	夏莴笋	白叶莴笋、皱叶莴笋	2　月	3月下旬	5　月
	秋莴笋	细尖叶莴笋、锣锤莴笋、竹篙莴笋	8月下旬	9　月	10月上旬至11月上旬

续表 4

地区	栽培方式	主要品种	播种期	定植期	收获期
贵阳	春莴笋	白甲莴笋、双尖莴笋、罗汉莴笋	9月下旬至10月上旬	11月	3～4月
	夏莴笋	罗汉莴笋	3～5月	4～6月	6～7月
	秋莴笋	罗汉莴笋	7月中旬至7月下旬	8月中旬至8月下旬	9月下旬至10月上旬
	冬莴笋	白甲莴笋、罗汉莴笋	8～9月	9～11月上旬	12月至翌年1月
四川	春莴笋	万年椿、成都秆、白甲莴笋	10月至翌年1月	11月下旬至翌年3月上旬	3～5月
	夏莴笋	万年椿、成都秆	3月至5月下旬	5～6月	6～7月
	秋莴笋	二白皮密结巴、紧叶子、尖叶子、成都秆、青皱叶	6月下旬至7月	7～8月	9月至10月上旬
	冬莴笋	万年椿、红莴笋、白甲莴笋	8月下旬至10月上旬	9月下旬至11月中旬	12月至翌年2月
广州	莴苣	玻璃生菜	10～12月	12月至翌年1月	12月中旬至翌年3月中旬
		结球生菜	10～12月	12月至翌年1月	12月中旬至翌年3月中旬
		牛利生菜	8月至翌年2月	9月上旬至翌年3月上旬	10月上旬至翌年4月下旬
福州	莴苣	散叶莴苣	10～12月	10月下旬至翌年2月	2月中旬至4月上旬

二、莴　苣

表5　江淮地区莴苣的周年栽培茬次

茬　次	播种期	栽培方式	适宜品种	定植期	收获期
秋莴苣	8月上旬	育苗和定植前期遮阳网覆盖	大皱叶、成都二白皮、早熟尖叶等	8月下旬至9月上旬	9月下旬至10月下旬
	8月中旬	遮阳育苗，露地栽培	尖叶鸭蛋苣、柳叶苣、圆叶白皮等	9月上中旬	10月下旬至11月下旬
	8月下旬	露地栽培	紫皮香、红圆叶、上海大圆叶等	9月下旬	11月中旬至12月上旬
秋延迟莴苣	9月上中旬	露地育苗，大棚栽培	上海大圆叶、圆叶白皮、紫皮香等	10月上中旬	12月下旬至翌年2月
春提前莴苣	9月下旬至10月上旬	露地育苗，大棚栽培	尖叶鸭蛋苣、杭州尖叶、大尖叶等	11月上中旬	翌年3月至4月上旬
越冬春莴苣	9月下旬至10月上旬	露地栽培	尖叶鸭蛋苣、大尖叶、牛角苣等	11月上中旬	翌年4月中旬至5月上旬
	10月上旬	露地栽培	大团叶、早青皮、紫皮香等	11月中旬	翌年5月上旬至5月下旬
春播莴苣	3月上旬	露地栽培	圆叶白皮、大皱叶、红圆叶等	4月上旬	6月
夏莴苣	5月上旬至6月上旬	遮阳防雨棚栽培	成都二白皮、早熟尖叶、大皱叶等	5月下旬至6月	7～8月

21. 春莴笋怎样播种、育苗和定植?

春莴笋在秋季播种、育苗,初冬或翌年早春定植,春季收获。

(1)播种及育苗 栽培莴笋,多先育苗,而后定植。要培育壮苗,首先应选品质优良、出芽一致、幼苗生活力强、成苗率高、能获高产的种子,这样的种子还可节约用量,可用风选或水选法,选取较重种子,淘汰较轻的种子;其次,适当稀播,以免幼苗拥挤,导致胚轴伸长和组织柔嫩,特别是9~10月播种的春莴笋,或初春播的夏莴笋,当时气温温和,土壤适宜,出苗容易,播种量尤不宜大。一般每公顷苗床用种11.25千克左右(每667平方米约0.75千克),约可定植大田39~40公顷。此时气温不高,种子不必进行处理,苗床应用以腐熟的堆肥和粪肥做基肥,并适当配合磷、钾肥料。幼苗生长期拥挤时,应间苗1~2次,使幼苗生长健壮。真叶4~5片时定植,以免幼苗过大、胚轴过长,不易获得肥大的嫩茎。8月上旬播种的苗龄为25天左右,9月播种的苗龄为30~35天,10月播种的苗龄约40天,以定植时幼苗不徒长为原则。在冬季寒冷的长江中下游地区,以定植成活后越冬为好,且植株不宜过大,以免受冻害。

(2)土壤的准备与定植 莴苣的根群不深,应选用肥沃和保水保肥力强的土壤栽培。莴苣对土壤的酸碱度和土壤的适应性较强,但栽培春莴笋和冬莴笋的季节如雨水较多,霜霉病、菌核病及软腐病较易发生,应选用排水良好的土壤。在病害猖獗的土壤应进行轮作。栽植的地块应深耕晒土,以改进土壤理化性质,并减少病害。栽培莴笋也适宜在翻耕时施入厩肥、堆肥,特别是春莴笋常于翌年春套种其他春季蔬菜,须事先施足厩肥。一般结合土壤深翻整地时每667平方米施入腐熟农家肥3 000~4 000千克,复合肥50千克。

根据地形和间套作物情况,做1.3~2.6米宽的畦。在多雨的季节栽培宜做高畦，以利于排水。在寒冷地区可行沟植，以防寒风。定植距离因品种和季节而异。早熟品种行株距 24 厘米×20 厘米左右，中晚熟品种行株距 33 厘米×27 厘米左右。在气温较高不适于莴笋生长季节，可适当密植，在适宜莴笋生长的季节可适当稀植。莴笋幼苗柔嫩，定植时应带土，以免损伤根系，并选择土壤湿度适宜时定植，或在阴天定植。定植后，应及时浇水，以利于成活。

22. 秋莴笋怎样播种、育苗和定植?

秋莴笋在夏季播种，秋末收获。

秋莴笋栽培正是炎热季节，温度高，种子发芽困难，不易全苗，幼苗易徒长；同时在长日照的高温条件下，花芽分化早，抽薹迅速，培育壮苗及防止未熟抽薹是栽培秋莴笋的关键。

首先，应选择对高温、长日照反应较迟钝的中晚熟品种，如上海、南京市选用尖叶白皮、南京紫皮香，四川省选用白皮密节巴、成都二青皮、重庆万年青，武汉市选用宜昌尖叶、新疆白尖叶、西宁莴苣等品种。

其次，要适期播种，培育壮苗。秋莴笋从播种至采收需要 3 个月。适宜秋莴笋茎、叶生长的适温期是旬平均气温下降至 21℃左右以后的 60 天左右的时间，所以苗期以安排在旬平均气温下降至 21℃～22℃时的前 1 个月比较安全。如播种太晚，因生长期短而产量低。种子采用低温催芽，用凉水浸泡 5～6 个小时，捞出稍晾即装入布袋中，置于 15℃～18℃的冷凉环境下见光催芽。如吊于水井中或置于山洞、防空洞等处，经 3～5 天有约 80%的种子胚根露出后，即可播种。用湿播法播种，浅覆土，遮荫降温，如在育苗床搭荫棚，或在瓜架下设置苗床，也可与小白菜混播，造成冷凉湿润的环境，即可顺利出土。早晚浇水，及时匀苗，以免徒长。经 20 多天，幼苗具 4～5 片真叶时定植，定植密度比春莴笋稍大。

23. 叶用莴苣怎样播种、育苗和定植?

叶用莴苣栽培的技术与莴笋基本相同,宜选有机质丰富、疏松、保水的肥沃土壤或砂壤土栽培,土壤 pH 值为 6 左右。采用当年新种子培育壮苗,待幼苗有 4～5 片真叶充分展开时定植。采用高畦栽培,结合整地做畦,每 667 平方米施用腐熟堆肥 4 000～5 000千克,株行距为 35 厘米或 40 厘米。定植前苗床提前浇水,以便于起苗。起苗要切大坨带土。栽植深度以埋住大坨为度,如定植过深埋住菜心,缓苗慢,并易得软腐病。

24. 如何进行莴苣的田间管理?

莴苣的田间管理主要是做好肥水管理,一般莴苣追肥 3～4 次。定植成活后,施肥 1 次,以利于根系和叶片的生长;进入莲座期,茎开始膨大,及时追施重肥,以利于茎的膨大。如此时脱肥,茎部变老而纤细,不易获得肥大的嫩茎。莴苣不耐浓厚的肥料,最大浓度一般粪肥不超过 50%。追肥不宜过晚,过晚易导致基部开裂。越冬春莴苣除在定植成活追肥 1 次外,冬季不再追肥,以避免较冷的地区遭受冻害。开春暖和后,应及时追肥,以促进叶片的生长和茎的膨大。在春季气温增高和干旱的情况下,应及时灌溉,并结合追肥,否则茎部迅速抽长而不膨大,影响产量和品质。一般每 667 平方米施用腐熟人粪尿 2 000～2 500 千克。在植株封行前和施肥前中耕和除草。春季雨水较多,应及时做好清沟排渍工作,防止涝害和霜霉病的发生。

夏秋季栽培莴笋,定植后的肥水管理要及时,这是因为气温、土温较高,蒸发量大,浇水次数也相应增多,高温时应在早晨和傍晚浇水施肥。秋莴笋定植后,一般追肥 3 次:第一次在定植后 10 天(还苗后),轻追肥,每 667 平方米施腐熟人粪尿 500 千克;第二次在定植后半个月重施肥,每 667 平方米施腐熟人粪尿 1 000 千克；第三次在定植后 40 天，轻追肥，每 667 平方米施腐熟人粪尿 500 千克，追肥应在植株封行以前结束，后期施肥不能过多，以免幼茎开裂，影响质量。前期还应注意中耕除草，避免土壤板结而影响生长和产品质量。

在莴笋栽培中，茎部常易发生细瘦徒长的现象，究其原因，一是受长日照高温的影响，导致早期抽薹；二是干旱缺肥；三是土壤水分过多，偏施氮肥。解决的途径是：根据不同的栽培季节，选用不同的品种，施用完全的肥料，施用充足的基肥，春前不偏施氮肥，并及时中耕保墒，使植株生长健壮；春后莲座叶形成，茎膨大，或天气干旱，应及时灌溉追肥；土壤水分过多，应及时排水。

叶用莴苣的田间管理与莴笋基本相同。定植后，前期结合浇水，分期追肥，并进行中耕除草，使土壤见干见湿，以促进根系扩展及莲座叶生长；中后期，为使莲座叶保持不衰、结球和莴苣球叶迅速抱合生长，形成紧实叶球，需不断均匀浇水。在结球后期，应控制水分，以免裂球和致病腐烂，影响质量。夏季高温时，应在傍晚浇水，冬季低温时，则在中午浇水。采收前，应停止供水，以利于收获后贮运。以生食为主的叶用莴苣，无土栽培应是今后发展的方向。无土栽培生长速度快，生长期短，定植后 25～40 天开始收获，商品性好，高产，优质，无公害，值得大力推广应用。

25. 莴苣栽培中常发生的病虫害有哪些？

春秋季雨水较多时，莴苣常发生霜霉病、菌核病、灰霉病、叶霉病、花叶病等，主要虫害有蚜虫、地老虎等。

26. 怎样防治莴苣霜霉病？

【症　状】 主要危害叶片。病斑呈黄绿色，无明显边缘，后扩大，受叶脉限制，呈多角形。叶片背面生白色霉状物（孢子囊及孢囊梗）。该病多先从下部叶片开始发生，逐渐向上蔓延，后期叶片干枯。

【病原及发病规律】 该病由真菌莴苣盘梗霉侵染所致。病菌属专性寄生菌，只危害莴苣和某些野生菊科植物，有寄生专化性和致病性分化现象，主要以菌丝在越冬的寄生体内越冬。孢子囊形成的适温为15℃～17℃。主要由空气传播，一般在阴雨连绵的春末或秋季发病。

【防治方法】 选抗病品种，如选用尖叶、皱皮莴笋等品种；实行轮作；清洁田园；加强栽培管理；喷洒杀菌剂，在发病初期用75%百菌清可湿性粉剂500倍液，或25%甲霜灵可湿性粉剂600倍液，或78%波尔·锰锌可湿性粉剂500～600倍液，或80%代森锰锌可湿性粉剂500～800倍液，或58%甲霜·锰锌可湿性粉剂600倍液，或72%霜脲·锰锌可湿性粉剂800倍液。每隔7～10天喷1次，连续喷2～3次。

27. 怎样防治莴苣菌核病？

【症　状】 该病多危害结球莴苣茎基部和茎用莴苣地上茎部。被害部呈褐色或浅褐色水浸状不规则病斑，无明显边缘。病株叶片或局部萎蔫。在潮湿环境下，病部组织软腐，但无恶臭味，在病部表面长出白色棉絮状菌丝，及初呈灰白色后变为黑色的鼠粪状菌核。最后全株枯死。

【病原及发病规律】 由真菌核盘菌侵染所致。菌核在土壤中越冬，萌发产生子囊盘及子囊孢子，通过气流传播，从植株的衰老部位侵入。莴苣生长中后期发生较多。

【防治方法】 选用无病种子或种子消毒；深沟高畦种植，合理施肥，忌偏施氮肥，增施磷、钾肥，以提高植株抗病力；实行轮作；清洁田园，加强栽培管理；喷杀菌剂，发病初期可用50%腐霉利可湿性粉剂或50%异菌脲粉剂1 000～1 500倍液，或40%菌核净1 000倍液，或25%多菌灵可湿性粉剂500倍液，或50%甲基硫菌灵可湿性粉剂 400 倍液喷雾。

28. 怎样防治莴苣灰霉病?

【症　状】 该病主要危害茎和叶片。在叶片上部于叶尖或叶缘生褐色不规则形病斑,扩大成黑褐色湿腐不规则大病斑,或连接茎的被害部分,从叶柄开始,沿叶柄向前扩展,形成深褐色病斑。茎上病斑呈淡褐色水浸状,后期扩大后形成褐腐,最后整株逐步干枯死亡。潮湿时,病部表面上产生白色或灰色霉层(分生孢子及分生孢子梗)。

【病原及发病规律】 由真菌灰葡萄孢侵染引起。病菌以菌核和分生孢子随病残体在土中越冬,翌年产生分生孢子,随气流传播。从植株伤口或衰弱的组织侵入,继而在病部产生大量分生孢子再侵染。一般在寄主衰弱或受低温影响、空气相对湿度高于94%的环境和温度适宜条件下易发病。

【防治方法】 实行轮作;收获后,将病体深埋;合理施肥;及时排除菜地渍水;加强栽培管理,提高菜株抗病力;喷洒杀菌剂,发病初期喷 50%腐霉利或 50%异菌脲 1 000～1 500 倍液,或 50%多菌灵可湿性粉剂 800～1 000 倍液,或 70%甲基硫菌灵可湿性粉剂 600～800 倍液,每隔 7～10 天喷 1 次,连续喷 2～3 次。

29. 怎样防治莴苣叶霉病?

莴苣叶霉病的病原菌为真菌。在高温高湿条件下发病严重。防治方法是实行轮作,在无病株上留种,清洁田园,合理密植,深沟高畦种植,及时排除菜地渍水,喷洒的杀菌剂与防治莴苣霜霉病相同。

30. 怎样防治莴苣花叶病(病毒病)?

【症　状】 播种带病毒的种子,幼苗两周左右,第一片真叶表现为淡绿色或黄白色的不规则斑驳，第二、第三片真叶上发生黄绿相间花叶。生长期间被该病毒侵染的病株嫩叶，初呈明脉症状，后发展为花叶或浓淡绿色相间斑驳，与幼苗相似，并出现褐色坏死斑点，细脉变褐，叶面皱缩畸形。有的叶缘下卷呈筒状，有不同程度矮化现象。发病越早，症状越重。病株抽薹后，新生叶片呈花叶或浓淡绿色相间斑驳，叶片变小或皱缩，叶上产生褐色坏死斑和叶脉变褐，病株生长衰弱，花序形成减少，结籽率降低。

【病原及发病规律】 该病主要由莴苣花叶病毒(LMV)侵染所致，寄生范围广，除莴苣外，还可侵染百日菊、万寿菊、蒲公英、山莴苣、菠菜等植物。由汁液摩擦和蚜虫传毒，蚜虫传毒属持久性的，种子带毒率为1%～8%。引起花叶病的病毒还有黄瓜花叶病毒(CMV)和蒲公英黄色花叶病毒(DYMV)。黄瓜花叶病毒传播途径为蚜虫，但种子不传毒。蒲公英黄色花叶病毒汁液接种侵染率低，蚜虫和种子均能传毒。病毒主要在田间的寄生植物的根部和越冬莴苣病株内越冬，通过蚜虫和汁液接触传毒，蚜虫主要有桃蚜、萝卜蚜和棉蚜，其中桃蚜传毒的百分率最高。此外，播种带毒种子即成病苗，病苗移植到田间，即成发病中心，本病与田间温度有关，低温症状不明显，幼苗期感病种子带毒率高(1.6%～1.8%)，生长期间感病种子带毒率为0.7%～0.85%，抽薹开花期感病种子带毒率低或不带毒(0.36%～0%)。

【防治方法】 选用无病种子或选用适宜当地的抗病良种；引进种子应实行检疫；防治蚜虫；喷洒植物双效助壮素(病毒K)。

31. 怎样防治蚜虫、地老虎?

用40%乐果乳油1000倍液防治蚜虫。用40%乐果乳油进行土壤淋药处理，防治地老虎。

32. 怎样防治莴苣“窜苗”?

在莴苣栽培中,莴苣幼苗及返青后的莴苣迅速向上生长,茎部较易发生细瘦徒长,形成瘦长的茎,这种症状称为莴苣“窜苗”。发生莴苣“窜苗”的主要原因:一是受长日照高温的影响,导致早期抽薹;二是干旱缺肥;三是土壤水分过多或偏施氮肥。防治莴苣“窜苗”的方法:应根据不同栽培季节,选用不同的品种;施用完全肥料,施用充足基肥,春前不偏施氮肥;及时中耕保墒,使植株生长健壮;春后莲座叶形成、茎膨大或天气干旱,应及时灌溉和追肥;土壤水分过多,应及时排水。

33. 怎样防治莴笋茎裂口?

莴笋的茎部发生裂口现象,将降低莴笋的质量。莴笋茎裂口发生的主要原因:一是莴笋生长中后期浇水施肥过猛;二是土壤干旱。其防治技术:对越冬的莴笋翌年返春前期的肥水管理以控为主,使叶面积扩大、充实,为茎部肥大积累营养物质做准备。莴笋进入莲座期,叶数明显增多增大,心叶与莲座叶平头时,莴笋茎部肥大加速,应勤施肥水,特别注意增加速效性氮肥和钾肥,有条件的可以追施1～2次腐熟粪水,每次每667平方米施1 000～1 500千克,施肥要少施勤施,不可过晚。此时也是需水的关键时期,既不能使土壤干旱,否则过于干旱猛一浇水,莴笋茎因迅速吸水膨胀易产生裂口;也不可浇水过多、过早,若浇得过多过早,容易使叶片徒长,幼叶生长不健壮,因此水要少浇浇匀,以防止莴笋裂口。

34. 莴笋苦味和纤维化重的原因是什么?应如何防治?

莴笋在食用时苦味浓,是因为莴笋自身含有苦味的莴苣素,在其生长期间因植株缺水,使莴苣素浓度增加,从而导致了莴笋食用时含有较大的苦味,降低了食用价值。防止莴苣素苦味加重加浓,适时供应充足的水分即能降低莴苣素的发生,从而降低莴笋的苦味。尤其在莲座期,莴笋茎部膨大迅速,更不能使莴笋缺水。浇水要适量,既不可太多,又不能太少,浇水要均匀。当土壤表面已变白时,应立即浇水,浇水的量以浇水后 2~4 小时土壤表面不留明水为宜。

如莴笋纤维含量多,食用时口感木质化重,口感差,品质劣,其主要原因是土壤质地太差,整地不科学,土壤中有机质含量少。防治莴笋纤维含量多的方法:一是种植莴笋的土壤应选择保肥保水力较好,土壤性质稳定,土壤 pH 值为 6 左右的微酸性的轻黏壤土或壤土。如果种植在保水保肥力差的土壤中,即种植在漏水、漏肥强的沙性土壤中,生产的莴笋容易发生纤维素增多、木质化重的情况。二是栽培莴笋的地块,要做到科学整地,深耕细耙,深耕达 20~30 厘米,把坷垃耙细、耙碎,土壤中没有直径为 1 厘米以上的坷垃,要拣挖出杂物,如石块、木块、塑料等。在整好地的基础上,应施足以腐熟有机肥为主的基肥,一般每 667 平方米施腐熟有机肥 4 000~5 000 千克,磷酸二铵 25~30 千克,硫酸钾 15~25 千克。在生长的中后期进行追肥时,除应追施氮、磷、钾肥料外,还要追施充分腐熟的人、畜粪水 1 000~2 500 千克。

35. 怎样采收莴苣?

莴笋的采收标准是心叶与外叶平,俗称“平口”或“现蕾”。以此为采收适期,这时茎部已充分肥大,品质脆嫩。如收获太晚,花茎伸长,纤维增多,肉质变硬,甚至中空,品质降低;过早采收,则影响产量。

结球莴苣要适时采收,待叶球长到一定大小,叶球较紧实时,即应采收。如过早采收,影响产量;过迟采收,叶球肉茎伸长,叶球变松,品质降低。特别是春莴苣花薹伸长迅速,采收稍迟,就会降低质量，更应引起注意。

36. 莴苣的质量检测（外观）有哪些要求？

(1)莴苣笋(茎用莴苣)　茎、叶具备该品种特征，嫩茎粗壮、鲜嫩、富含汁液，不空心，无裂口，不折断，无病虫危害，茎上留叶不超过 1/2。

(2)生菜(结球叶用莴苣)　叶球应具备该品种固有的形状和色泽，没有腐烂及抽薹，无病虫危害及其他损伤；根部切除适当，去除多数外叶，保留 1～2 片外叶以保护叶球。注意鉴别其新鲜度。

37. 莴苣采后的处理技术是什么？

(1)本地鲜销　一般莴苣采收后，在基部用刀削平，断面光洁，并将植株下部的老叶、黄叶割去，保留嫩茎中上部嫩梢嫩叶。按粗细长短分等级，扎成小捆，装入菜筐，用清洁水稍冲洗后销售。生菜采收后，也在植株基部用刀削平，去掉根部，摘去老叶、黄叶、病叶等，而后将植株基部按同一方向顺序排列，装入塑料箱内(每 10 千克一箱)，运送至销售地销售。

(2)冷库贮藏保鲜　按质量检测要求，将经过挑选的莴苣扎成小捆，放入薄膜保鲜袋中，经过预冷后，架藏在温度为 0℃冷库内。温度要稳定，以保持良好的贮藏保鲜效果。

(3)设施保鲜栽培　秋莴苣可以直接定植于塑料大棚或露地，霜降前扣上小拱棚，以后加盖草帘防冻。随着温度的变化，及时做好防寒工作，注意覆盖物揭盖、通风等工作的管理，畦内温度保持在 0℃左右，可延长供应期。采后按本地鲜销要求处理后上市。

三、芹　菜

38. 芹菜的形态特征如何？

芹菜又称芹、旱芹、药芹，是伞形科芹属中形成肥嫩叶柄的1年生或2年生蔬菜。芹菜为浅根性根系，主要分布在10～20厘米土层，横向分布30厘米左右，所以吸收面积小，耐旱、耐涝能力较弱。但主根可深入土中并贮藏养分而变肥大，主根被切断后可发生许多侧根，所以适宜于育苗栽培。营养生长期茎短缩，叶着生于短缩茎上，为1～2回羽状全裂，小复叶2～3对，小叶卵圆形分裂边缘缺齿状。总叶柄长而肥大，为主要食用部分，长30～100厘米，有维管束构成的纵棱，各维管束之间充满薄壁细胞，维管束韧皮部外侧是厚壁组织。在叶柄表皮下有发达的厚角组织。优良的品种维管束厚壁组织及厚角组织不发达，纤维少，品质好。在维管束附近的薄壁细胞中分布油腺，分泌具有特殊香气的挥发油。茎的横切面呈近圆形、半圆形或扁形。叶柄横切面直径：中国芹菜为1～2厘米，西芹为3～4厘米。叶柄内侧有腹沟，柄髓腔大小依品种而异。叶柄有深绿色、黄绿色和白色等。深绿色的难于软化，黄绿色的较易软化。在高温干旱和氮素不足的情况下，厚角组织和维管束发达，品质下降。在不良的栽培条件下，常致薄壁细胞破裂，叶柄空心，不充实，影响品质。秋播的芹菜春季抽薹开花，伞形花序，花小、白色，花冠有5个离瓣，虫媒花，通常为异花授粉，也能自花授粉。果实为双悬果，圆球形，结种子1～2粒，成熟时沿中缝开裂，种子褐色，细小，千粒重0.4克。

39. 芹菜的生育周期怎样?

芹菜的生长发育周期可分为营养生长时期和生殖生长时期。

(1)营养生长时期 ①发芽期。为种子萌动到子叶展开,在15℃～20℃下需10～15天。②幼苗期。从子叶展开至4～5片真叶形成,在20℃左右需45～60天。③叶丛生长初期。从4～5片真叶至8～9片真叶,株高30～40厘米,在18℃～24℃的适温下,需30～40天。④叶丛生长盛期。从8～9片叶至11～12片叶,叶柄迅速肥大,生长量占植株总生长量的70%～80%,在12℃～22℃下,需30～60天。⑤休眠期。采种株在低温下越冬(或冬藏),被迫休眠。

(2)生殖生长时期 秋播芹菜受低温影响,营养生长点在2℃～5℃下开始转化为生殖生长点。翌年春在长日照和15℃～20℃下抽薹,开花结实。

40. 芹菜有哪些类型和优良品种?

根据芹菜叶柄的形态,分为中国芹菜和西洋芹菜两种类型。

(1)中国芹菜(本芹) 叶柄细长,株高100厘米左右。依叶柄的颜色分为青芹和白芹。青芹的植株较高大,叶片也较大,绿色,叶柄较粗,横径1.5厘米左右,香气浓,产量高,软化后品质较好。青芹的叶柄有实心和空心两种:实心芹菜叶柄髓腔很小,腹沟窄而深,品质较好,春季不易抽薹,产量高,耐贮藏,其代表品种有北京实心芹菜、天津白庙芹菜、山东桓台芹菜等;空心芹菜叶柄髓腔较大,腹沟宽而浅,品质较差,春季易抽薹,但抗热性较强,宜夏季栽培,其代表品种有福山芹菜、小花叶和早芹菜等。白芹的植株较矮小,叶较细小,淡绿色,叶柄较细,横径1.2厘米,白黄色或白色;香味浓,品质好,易软化。其代表品种有贵阳白芹、昆明白芹、广州白芹等。现介绍各地栽培的中国芹菜主要品种如下。

①**早青芹**　又称早黄心或黄心芹。上海、南京、杭州等市普遍栽培。株高30～37厘米，叶绿色，心叶黄色。叶柄粗，浅绿色。早熟，耐热不耐寒，易抽薹，纤维较多，品质较差。

②**晚青芹**　又名黄慢心。上海、南京、杭州等市普遍栽培。株高50～65厘米，叶片深绿色。叶柄长而粗，浅绿色。晚熟，耐寒性强，抽薹晚，纤维少。香味浓，品质好。

③**广州梗芹**　又名青壳。生长势强，抽薹迟，晚熟。品质好。

④**天津芹菜**　湖北省栽培较多。叶柄长而肥厚，纤维少。抗逆性强，不易抽薹。

⑤**洋白芹**　上海、南京、杭州等市栽培。株高40～46厘米，单株有叶7～9片。叶淡绿色，心叶淡黄色。叶柄较粗，淡绿白色。耐寒和耐热性比青芹弱，抽薹较迟，质弱。味稍淡，品质好。

⑥**广州白芹**　有两个品种，一是大叶芹菜，也称大花或早花芹菜，叶柄长38厘米左右，宽0.8厘米，青白色，分枝少，抽薹早，香味浓，品质好；二是白梗芹菜，又称白壳，叶柄长约37厘米，宽1.1厘米，青白色，生长势旺，分枝多，质脆，香味浓，品质好，早中熟种。

⑦**成都草白芹**　叶黄白色，叶柄白色，中空，有棱，长25～38厘米，质脆嫩，品质好，中熟种。

此外，福建的白芹也有两个品种：一称白种，品质中等；二称面绒，植株较矮小，品质好。

近几十年来，新培育的品种有津南实芹1号、津南实芹2号(津南冬芹)、津南实芹3号(津南夏芹)、津南实芹、开封玻璃脆芹菜、香毛芹菜等，各地可引种试种。

(2)西洋芹菜(西芹)　株型大，株高60～80厘米，叶柄肥厚而宽扁，宽达2.4～3.3厘米，多为实心，味淡，脆嫩，不及中国芹菜耐热，单株重1～2千克。依叶柄颜色分为青柄和黄柄两大类型。青柄品种的叶柄绿色，圆形，肉厚，纤维少，抽薹晚，抗逆性和抗病性强，成熟期晚，不易软化，如佛罗里达683、意大利冬芹、夏芹、美国芹菜等。黄柄品种的叶柄不经过软化，自然呈金黄色，叶柄宽，肉薄，纤维较多，空心早熟，对低温敏感，抽薹早，如“嫩脆”。现在栽培的主要品种介绍如下。

①**意大利冬芹**　从意大利引进。株型较开张，株高50～70厘米，开张度30厘米左右。叶柄长20～25厘米，宽圆，绿色，质地脆嫩，纤维少。分蘖率较高，适应性广，适合南北地区栽培，尤以春、秋露地栽培最适宜。抗寒且耐热，易感染黑心病。晚熟，生长期100天。

②**改良龙它52-70R**　从美国引进。植株高60～65厘米，叶柄长30厘米，宽3厘米，厚0.85厘米，圆形、绿色、实心、肉厚，纤维少，品质优良。平均单株重1.2～1.5千克，单株净重0.8～1.1千克。抗逆性强，抗黑心病。晚熟，从定植到收获120天，不易抽薹。

③**佛罗里达863**　引自美国。株高60～70厘米，叶柄绿色，宽厚，实心，脆嫩，纤维少。最大单株重0.9千克。宜生食或熟食。适于春秋露地及冬季保护地栽培。

④**荷兰西芹**　从荷兰引进。株高60厘米，植株壮，叶柄宽厚，叶片及叶柄均绿色，有光泽。叶柄实心、质脆、味甜。单株重达1千克以上。较耐寒，不耐热，抽薹迟。适于秋季和冬季保护地栽培。

⑤**百利西芹**　美国PETTO公司生产。株高65～70厘米，叶柄长28～31厘米，叶色绿，叶柄厚而光滑，组织柔嫩，纤维少。口感好，微甜，质优。耐热耐湿，不易未熟抽薹，生长期110～120天。

此外，还有佛罗里达黄、脆嫩、白珍、圣洁白芹、文图拉西芹、美国白芹、亚特兰大西芹、红芹1号西芹、意大利夏芹、金利西芹、四季西芹、奇才西芹、双港四季西芹、特选西芹、特选文图拉西芹、改良康奈尔西芹、浪峰西芹、四季脆芹、绿丰西芹等品种，可引种试种。

41. 芹菜的良种繁育技术是什么?

(1)芹菜留种地块选择 应选择地势高燥、排水良好、通风、阳光充足、不宜在过于肥沃的土壤地块留种。芹菜为自花授粉作物,但在不同品种之间,也易发生自然杂交,因此不同品种的种子田之间应有一定的间隔距离,一般应在1000米以上。

(2)芹菜可采用直播或移栽留种 移栽留种一般用9月份播种的秧苗,按25～30厘米的距离定植,每穴3～4株。或根据原品种的特征特性在纯度高的大田中精选出符合留种株标准的生长健壮、一致,无病虫害的植株做种株,于10月下旬至11月中旬移栽于种子田内,行距33～36厘米,株距16厘米。

(3)田间管理 定植后随浇1次定根水,以后做好肥、水管理,使其健壮生长。翌年2月下旬,拔去混杂、早抽薹植株及病、弱、劣株,并做好松土、除草和防蚜虫等工作。抽薹后为防止风吹断花枝,须设立支柱;畦四周插以竹竿、设围绳以防止倒伏。冬季寒冷地方应注意防寒。

(4)直播留种的管理 一般于晚秋播种,出苗后应加强水肥管理,春季按16～17厘米株行距定苗,并去杂去劣。其他田间管理与移栽留种的相同。

(5)及时采种 种株一般于5月份开花。6月下旬至7月中旬,当种株已枯黄,种子呈黄褐色,就可收割。将植株堆于通风处阴干、晒后脱粒,种子经扬净晒干后贮藏。每667平方米可采收50千克种子。

42. 芹菜生长发育需要什么环境条件?

(1)气候条件 芹菜要求冷凉湿润的气候,生长适温为15℃～20℃,26℃以上生长不良,品质下降。但苗期耐高温,幼苗还可耐－7℃的低温,在长江中下游地区可以安全越冬。种子发芽最低温度为 4℃，适温为 15℃～20℃，7～10 天出芽。温度过高发芽困难。

芹菜要求在低温条件下通过春化阶段，在长日照条件下通过光照阶段。在 2℃～5℃时，10～20 天可以通过春化阶段。芹菜通过春化阶段，幼苗必须有一定大小，一般中国芹菜在 4～5 片叶，西洋芹菜在 7～8 片叶以上才能感受低温，完成春化阶段。所以春播过早容易先期抽薹，而秋播的芹菜须经过冬季，第二年抽薹开花。

(2)土壤营养条件　芹菜的叶面积虽然不大，但栽培密度大，茎的蒸腾面积大，加上根系浅、吸收力弱，所以需要湿润的土壤和空气条件。特别是营养生长盛期，地表布满了白色须根，更需要充足的湿度，否则生长停滞、叶柄中机械组织发达，品质、产量将降低。芹菜适宜在富含有机质、保水、保肥力强的壤土或黏壤土上生长，而沙土、砂壤土易缺水、缺肥，使芹菜叶柄早发生空心现象。关于芹菜需要三要素的情况，日本学者加藤徹(1975)研究指出，要使芹菜生长发育良好，必须施用完全肥料，初期缺氮、磷对产量的影响较大，后期需氮、钾肥。

芹菜对硼的要求较高，如土壤中缺硼或由于温度过高或过低、土壤干燥等原因使芹菜对硼素的吸收受抑制时，常导致芹菜初期叶缘出现褐色斑点，后期叶柄维管束有褐色条纹而开裂。因此，应于定植后每 667 平方米施硼砂 0.5～0.75 千克进行防治。

43. 如何确定芹菜的栽培季节和播种期？

露地栽培芹菜，应将其旺盛生长时期安排在冷凉的季节里。因此，栽培芹菜以秋播为主，也可在春季栽培。由于苗期能耐较高温和较低温，秋季栽培可以提早播种，以适应 9 月份淡季的需要，也可适当晚播于冬季及翌年春收获。在长江流域秋芹于 7 月上旬播种，主要在 9～10 月份采收。一般采用早熟、耐热的品种，播种时应采取遮荫降温措施。也有些地区（如成都），提早于 6 月份播种。在8月上旬播种的，可在翌年1月以后采收；于9月或10月上旬播种的，宜于翌年3～4月抽薹前收获完。春播以3月份为播种适期，过早播种易抽薹，迟则影响产量和品质。福建的播种期与长江流域相似，广州从7月份开始播种，由于冬季暖和，可以利用抽薹迟的品种(如青柄芹菜)，将播种期推迟至10～12月份，于翌年1～4月份采收。

44. 大、中棚栽培芹菜有哪几种栽培方式?

近年来，长江流域地区利用大、中棚栽培芹菜，有以下几种栽培方式。

(1)大、中棚秋(延迟)芹菜栽培 5～6月播种育苗，8月中下旬定植。10月下旬至11月上旬天气转冷，不适于芹菜生长时，大、中棚采取保温措施，11月上旬开始采收。

(2)大、中棚冬芹菜栽培 一般于7月上旬至8月上旬播种育苗，9月上旬至10月上旬定植，10月下旬至11月上旬及时扣棚膜，12月下旬至翌年2月上中旬采收，正好在春节上市供应。

(3)大、中棚春(越冬)芹菜栽培 8月中旬至9月中旬播种育苗，10月中下旬定植。11月上旬气温逐渐降低，要及时扣棚膜，翌年3月上中旬开始采收，正好春淡上市供应。

(4)大、中棚夏芹栽培 又称伏芹菜栽培。春季断霜后，至5月上中旬播种育苗，6月上旬定植，6月下旬开始覆盖遮阳网，以减弱棚内阳光。覆盖遮阳网最好做到盖顶不盖边，盖晴不盖阴，盖昼不盖夜，前期盖后期揭。这一季芹菜正好在8～9月秋淡时收获。

45. 芹菜怎样播种、育苗和定植?

芹菜可以直播，也可以育苗移栽。根据芹菜种子的特性，在高温天旱条件下，不仅出苗慢，而且幼苗生长也慢。夏末初秋播种育苗时，苗床宜选择阴凉的地方，播前深耕晒土，多施腐熟堆肥、厩肥，以保持土壤疏松、肥沃和湿润。播前应先浸种催芽，用清水浸种12～24小时，并用清水淘洗几次，同时轻轻揉搓种子，然后捞出用纱布或麻布袋包好，吊于井中离水面30～60厘米处，或放在冷凉地方(15℃～18℃)催芽，每天用凉水淘洗种子1次，4～5天后有80%的种子出芽时即可播种。播种后覆盖并搭棚遮荫，也有的菜农套播在瓜架、豆架之下，利用瓜、豆遮荫；或将芹菜种子与少量小白菜或四季萝卜混播，后者生长较快，芹菜可借以遮荫。一般每公顷播种22.5～37.5千克，可供3～4.5公顷地栽培用。出苗后，要加强肥水管理，防止暴雨冲击，前期防烈日暴晒，后期要注意锻炼秧苗。9月以后播种或春播栽培的，不需要进行浸种催芽和搭棚遮荫，每公顷播种量为7.5千克。

芹菜适宜在富含有机质、保水、保肥力强的壤土(如黏土壤)上栽培。芹菜的合理密植和培土软化是夺取高产、优质的重要措施之一。经密植或软化以后，芹菜叶柄的厚角质组织不发达，薄壁细胞增加，叶柄粗而柔嫩，直播的苗高3厘米左右，应间苗；当苗高12厘米左右，有4～5片叶时，即可定苗或栽植。南方夏末初秋播种的芹菜，按6厘米行株距定苗，较晚播种的可加大至12厘米行株距定苗，采取这种密度的一般不需要软化。

如果芹菜实行软化栽培，可根据各地的具体条件做畦，宽1.3～1.6米或2.6～3.3米，开沟栽植，埂宽0.5米，高约24厘米(供以后培土使用)，栽植株距6厘米左右。栽植不宜过浅或过深，以免影响发根和生长。

培土软化芹菜，一般于苗高约30厘米，在天干、地干、苗干时进行，并注意不使植株受伤，不让土粒落入心叶之间，以免引起腐烂。培土一般在秋凉后进行，早栽的培土1～2次，晚栽的培土3～4次。每次培土高度以不埋没心叶为度。春播芹菜一般不进行培土软化。

46. 如何进行芹菜的田间管理？

芹菜在幼苗期养分吸收量仅占吸收总量的1.5%，以吸收氮肥为主。当芹菜长出2～3片真叶以后，可追腐熟稀粪1～2次。从幼苗期末到栽植于大田，直至“立心”为止，这时养分吸收量占总吸收量的7.07%，对氮(N)、磷(P_2O_5)、钾(K_2O)三要素的吸收比例为8.2∶1∶5.8。芹菜越冬期间管理最重要的是地上不能缺水，因为干冻最易使芹菜受害。追肥可结合浇水进行，追施腐熟稀粪1～2次。从立心到收获是芹菜叶柄迅速生长时期，随着生长量的增大，对养分吸收也增多，此期吸收养分量占总量的91.43%，对三要素吸收比例也有变化。在芹菜旺盛生长的时候，应重施追肥，足施氮肥，增施钾肥。

由于芹菜生长期长，除施足基肥外，在大田生长期间，要追肥2～3次，以促其良好生长，每667平方米每次追施腐熟粪肥500～750千克，第一次加水2倍，以后加水1倍，最后一次追肥在培土前5～7天进行。追肥时，注意勿伤茎叶。追肥也可用0.3%尿素稀释液代替粪肥。

芹菜的施肥，可参考徐毅对越冬栽培的黄苗芹菜生长和养分吸收动态的观察(见表6)。

芹菜的水分供应，应根据不同栽培季节和方式管理。定植成活以后，看天气情况，隔一定时间要适时浇水，直至培土后停止。浇水掌握在土壤略为湿润而不发白为宜。高温季节浇水以早晚为宜，以轻浇勤浇为原则，防止漫灌。

西芹单株较大，定植的株行距也大，前期生长慢，要注意适时中耕、除草，生长期间须及时培土，并摘去分裂苗，以提高叶柄品质。

表 6　越冬春芹菜各生长时期生长量及吸肥量

生长时期		天数	期间旬均温（℃）	全期增长量（鲜重）		氮磷钾吸收量		氮：磷：钾
				（克/株）	（%）	（毫克/株）	（%）	
幼苗期		51	22.3～13.8	4.2	0.83	32.5	1.5	9.8：1：7.5
缓慢发根期		100	10.5～5.2	18.9	3.72	153.6	7.07	8.2：1：5.8
叶柄迅速生长	前期	15	7.9～11.0	12.6	2.48	63.8	2.94	6.6：1：5.5
	中期	15	11.0～12.1	68.1	13.42	382.8	17.63	8.2：1：6.3
	后期	18	15.2～17.6	403.6	79.55	1538.9	70.86	5.8：1：6.0
合　计		199		507.4	100	2171.6	100	

47. 怎样防治芹菜叶斑病？

【症　状】　该病主要危害叶片，其次是叶柄和茎。叶片初生黄绿色水浸状斑点，扩大后为褐色至暗褐色圆形或不规则形病斑，边缘稍隆起，黄褐色，大小为 4 毫米。常数个病斑合成大病斑，引起叶片枯死。在叶柄和茎上，病斑长圆形，黄褐色，略凹陷。潮湿时，病斑面上生灰白色霉（分生孢子及分生孢子梗），雨后天晴易消失。

【病原及发病规律】　本病由真菌芹菜尾孢侵染引起，只发生在芹菜上。病菌主要以菌丝体随同病残体留在地上越冬，种子也带菌。如播种带菌种子，长出的幼苗便是病苗。分生孢子借风雨传播，从寄主气孔或表皮直接侵入。病菌发育适温为 25℃～30℃，分生孢子形成适温为 15℃～20℃，萌发适温为 28℃。高温多雨易诱发本病。此外，植株生长衰弱，也易引起发病。

【防治方法】　加强田间管理，及时排除渍水。喷洒 50％多菌灵可湿性粉剂 800 倍液，或 80％代森锰锌可湿性粉剂 600～800

倍液，或78%波尔·锰锌可湿性粉剂500～600倍液，或75%百菌清可湿性粉剂600～700倍液，或70%代森锰锌可湿性粉剂500倍液，每10天喷药1次，共喷2～3次。

48. 怎样防治芹菜斑枯病？

【症　状】 该病可分为大斑型和小斑型两种。我国华南地区只发生大斑型，东北地区则以小斑型为主。病斑初呈淡褐色油渍状小斑点，逐渐扩大，中心开始坏死。后期症状有所不同，大斑型病斑可继续扩大至3～10毫米，多散生，边缘明显，外缘深褐色，中间褐色，散生黑色小粒点（分生孢子器）；小斑型病斑很少超过3毫米，一般大小为0.5～2毫米，常数个病斑联合，边缘明显，黄褐色，内部黄白色至灰白色，在其边缘处聚生许多黑色小粒点，病斑外常有一圈黄色晕环。在叶柄和茎上，均为长圆形、稍凹陷的病斑，边缘明显，褐色，内部色淡，斑面密生黑色小粒点。

【病原及发病规律】 该病分别由真菌芹菜小壳针孢（大斑型）及芹菜大壳针孢（小斑型）侵染引起。病菌只侵染芹菜和根芹菜，主要以菌丝体在病残体内越冬，种子内也带病菌，可存活1年以上。分生孢子借风雨传播，继而在病部产生分生孢子器及分生孢子进行侵染，潜育期约8天。大斑型病菌生长最适温度为22℃～27℃，小斑型病菌生长最适温度为20℃～25℃。诱发芹菜斑枯病发生的气候条件是冷、高湿，一般在20℃～25℃的温度范围内，多雨潮湿，病害发生严重。

【防治方法】 发病严重地块实行2年轮作。高畦种植，排除渍水，合理密植。喷洒78%波尔·锰锌可湿性粉剂500～600倍液，或80%代森锰锌可湿性粉剂600～800倍液，或75%百菌清可湿性粉剂500～800倍液，或65%代森锌可湿性粉剂500倍液。

49. 怎样防治芹菜菌核病？

【症　状】 该病在芹菜的全生育期均可发生，主要危害靠近地面的叶柄基部或根颈部。初发病时，呈水浸状斑驳，边缘不明显，后变淡褐色，病部软腐，壳面生白色棉絮状菌丝及黑色菌核。病株后期叶片枯死。

【病原及发病规律】 该病由真菌核盘菌侵染引起，寄主范围广。除危害十字花科蔬菜外，还侵染番茄、辣椒、茄子、马铃薯、莴苣、胡萝卜、黄瓜、洋葱等共19科71种植物。主要以菌核在土壤中越冬，萌发时产生子囊盘及子囊孢子，借气流传播，先侵染衰老叶片及果托等处，再进一步侵染果实及茎部。土壤潮湿或渍水易诱发本病。

【防治方法】 加强田间管理，及时排除渍水。保持地面干燥，株行间要通风。发现病株及时拔除，防止病菌菌丝与健株接触传染。喷洒50%甲基硫菌灵可湿性粉剂500倍液。

50. 怎样防治芹菜灰霉病？

【症　状】 该病在芹菜的全生育期均可发生，主要是发生在温室及大棚内栽种的芹菜。苗期发病多从茎部开始，初显水浸状斑驳，在高湿的条件下，表面密生白色，后变为灰色的霉层(分生孢子及分生孢子梗)。成株期地上部均可受害，初显水浸状病斑，叶柄基部缢缩、折倒。潮湿时，在病斑面上长满初呈灰白色，后变为灰色的霉状物。

【病原及发病规律】 该病由真菌灰葡萄孢侵染引起，寄主范围广，有番茄、茄子、辣椒、菜豆、甘蓝、洋葱、蚕豆、莴苣等。病菌主要以菌核在土壤中越冬，并能在有机物上腐生。病菌分生孢子随气流传播，分生孢子萌发需较高湿度，一般在适温范围内，在湿度高和植株生长衰弱的状况下极易发病。

【防治方法】 加强栽培管理，培育健株。保护地栽培要适时通风排湿。喷洒 50%腐霉利可湿性粉剂 2 000 倍液，或 78%波尔·锰锌可湿性粉剂 600 倍液，每 10 天喷药 1 次，共喷 2～3 次。

51. 怎样防治芹菜枯萎病?

【症 状】 如芹菜早期幼苗感病，生长迟缓，待气温升至 20℃以上时，叶片色泽逐渐由绿色变为黄绿色，幼苗萎蔫或枯死。成株感病，如处于高温之下，叶色暗淡无光泽，随后失绿或叶脉间发生黄绿相间斑驳，病株维管束组织变褐色，根颈和叶柄等部分呈红色，根腐烂，整株枯死。

【病原及发病规律】 该病由真菌芹菜尖镰孢侵染所致。病菌只侵染芹菜，主要以厚垣孢子越冬，能独自在土中存活多年。病菌从植株幼嫩细根侵入，并使部分皮层腐烂，侵入后即于根、根颈和叶柄等维管束组织中繁殖。病菌生长最适温度为 28℃，最高 36℃，最低 8℃，从侵入至症状出现约需 20 天。干燥地比湿地发病较重，这是因为土壤中水分减少以后，土壤温度上升快，病菌对热和冷都很敏感，在 7.7℃以下和 36℃以上，病害发生轻，在 20℃～32℃发病严重。

【防治方法】 以栽培抗病品种为主。

52. 怎样防治芹菜花叶病(病毒病)?

【症 状】 芹菜得此病后，轻病株只表现叶片皱缩，或叶片发生鲜黄色，或叶片出现浓淡绿色相间的斑驳，呈花叶状；重病株叶片皱缩不长，植株矮小。

【病原及发病规律】 该病由黄瓜花叶病毒(CMV)侵染所致，寄主的范围很广，不仅危害多种瓜类作物，而且危害其他蔬菜作物，如番茄、辣椒、莴苣、萝卜、白菜、胡萝卜等。传毒昆虫介体为多种蚜虫，亦极易以汁液接触传染。黄瓜种子不带毒，但由黄瓜花叶病毒侵染引起的甜瓜花叶病的种子带毒率可高达16%～18%。

黄瓜花叶病毒可以在一些宿根性的寄主杂草的根和田间越冬蔬菜(如菠菜、芹菜等)植物体内越冬,生长期间通过蚜虫和接触传毒蔓延。在温度高、日照强、干旱的环境条件下,有利于传毒蚜虫繁殖与迁飞,对病毒在株内增殖、缩短潜育期、增加田间再侵染的数量等都有直接关系,同时也降低了植株的抗病性,造成发病严重。此外,田间管理粗放、缺肥、缺水,也会加重病害严重程度。

【防治方法】 苗期防治蚜虫。发现病株立即拔除。喷洒双效助壮素(病毒K)。

53. 怎样防治芹菜软腐病?

【症　状】 从柔嫩多汁的叶柄开始发病,初始出现水浸状,形成淡褐色,纺锤形或不规则形的凹陷斑,以后呈湿腐状,变黑发臭,仅留表皮。

【病原及发病规律】 该病为细菌性病害。病菌随病株残体在土壤中越冬。在田间的发病株、带病种株和堆肥中都有大量病菌,翌年通过昆虫、雨水、灌溉水等传播,从伤口侵入。前茬蔬菜病重地块、重茬连作地发病严重。在栽培过程中,机械损伤多、伤口多及昆虫咬伤多均易导致病害的发生。此外,温度高、雨水多使植株上的伤口不易愈合,可增加发病机会。

【防治方法】 实行2年以上的轮作;加强田间管理;松土除草时避免伤根,减少机械损伤;培土不宜过高,避免把叶柄埋入土中;雨后及时排水,发病时减少浇水次数;及时拔除病株,对病穴撒上石灰消毒。发病初期,可喷洒72%农用链霉素或新植霉素3000～4000倍液,或抗菌剂"401"500倍液,或40%多菌灵8000倍液,每7～10天喷1次,连喷2～3次。以上药剂要交替应用。

54. 怎样防治芹菜黑腐病?

【症　状】 该病多从接近地表的根茎部和叶柄基部发生,有时也危害根部。病部变黑腐烂,其上生出许多小黑点。植株生长停滞,外边1～2层叶片因基部腐烂而脱落。

【病原及发病规律】 该病为真菌病害。病菌在病株残体上越冬。翌年播种带病的种子,长出幼苗即猝倒枯死,病部产生分生孢子借风雨或灌溉水传播,孢子萌发后产生芽管从寄主表皮侵入进行再侵染。生产上移栽病苗易引起该病流行。

【防治方法】 同芹菜叶斑病。

55. 怎样防治蚜虫?

防治蚜虫有如下方法:①用银灰膜驱避。菜蚜对银灰色有负趋性,在蔬菜生长季节,可在田间张挂银灰色塑料条或插银灰色支架,或铺银灰色地膜等,均可减少蚜虫的为害。②用黄油板粘蚜。利用蚜虫对黄色有强烈趋性的特性,可在田间插上一些高60～80厘米、宽20厘米的木板,其上涂有黄油,以粘杀蚜虫。③药剂防治。喷洒50%抗蚜威可湿性粉剂或水分散粒剂2 000～3 000倍液,或40%乐果乳油1 000～1 500倍液,或50%敌敌畏乳油1 000倍液,或50%氰戊菊酯1 000～1 500倍液。

56. 在芹菜栽培过程中常发生哪些生理性病害,如何防治?

在芹菜栽培过程中,如果环境不适,生长发育出现异常,常发生以下几种生理性病害。

(1)心腐病　在缺钙的酸性土壤中种植芹菜,容易发生心腐病。酸性土壤在种植芹菜前,要施入适量的石灰,施肥应氮、磷、钾配合,不过多偏施氮肥。发病后,在叶面喷洒2～3次0.5%氯化钙或硝酸钙液。

(2)芹菜缺硼　芹菜缺硼时，叶柄异常肥大、短缩，并向内侧弯曲。弯曲的部分内侧组织变褐，并逐渐龟裂，叶柄扭曲以至劈裂。严重时，幼叶边缘褐变，心叶坏死。芹菜缺硼的原因是土壤中硼的有效含量太低，土壤干旱，气温太高，土壤中肥料元素失调等。预防芹菜缺硼的措施是：每 667 平方米施硼砂 1 千克，或用0.1%～0.3%硼砂水溶液喷洒叶面。

(3)芹菜黄化失绿　在高钙土壤中易发生，芹菜黄化失绿如果首先在新叶表现，则由于缺锰；在老叶上表现，则由于缺镁。防止措施是在发病初期有针对性地用 0.05%～0.1%硫酸锰或 0.5%硫酸镁溶液喷施叶面，每周喷 1 次。

(4)芹菜空心　芹菜的实心品种出现叶柄中空，则降低商品价值。由于芹菜生长时间过长，易使叶体老化，由外围叶叶柄向心叶叶柄逐渐发生空心。高温、干旱、缺乏肥水，生长停滞，会使全部叶柄发生空心。秋延后及冬季栽培，则因低温受寒害发生空心，或高温生长迅速，也发生空心。有些优良的实心品种，经多年种植，出现退化现象，也表现为空心。有的实心品种与空心品种的留种地，由于隔离距离不够，造成杂交，变成空心。芹菜收获偏晚，叶柄、叶片老化，制造的营养物质减少，根系吸收能力降低，亦会因营养不良而出现空心现象。贮藏期如干旱失水，受冻后解冻过速等因素，会使薄壁细胞迅速失水萎缩，也会引起空心现象。

防止芹菜空心现象的措施是：①选用优良的未退化的种子，生长期加强肥水管理，适时追肥、浇水，防治病虫害。②选择肥沃的土壤栽培，沙性土壤要增施有机肥。③施用赤霉素时，应加强水肥管理。④适时采收，贮藏芹菜的环境条件要适宜。

(5)芹菜叶柄纤维素增多　在正常情况下，芹菜叶柄中的厚壁组织、厚角质组织、维管束不发达，如果环境条件不适宜，管理不当等因素，会使芹菜叶柄中厚壁组织、厚角质组织、维管束增加增厚，而表现为纤维素增加,致使食用品质降低。纤维素增加的原因及防止措施如下:①品种。一般绿色品种含的纤维素多,而白绿色、黄绿色品种含纤维素较少,实心品种比空心品种含纤维素少。在栽培时,应尽量选用含纤维素少的品种。②栽培技术。生长期如遇高温干旱等因素,或缺肥、病虫危害等,均会刺激纤维素组织增加,而降低品质。栽培中应适当适时浇水、追肥,及时防治病虫害。③收获及生长激素的应用。芹菜收获晚,组织老化,则纤维素增加,故适期收获,可减少纤维素含量。适当喷施赤霉素,不仅可提高产量,也可减少纤维素含量,改善品质。

(6)芹菜叶柄开裂 芹菜叶柄开裂多表现为茎基部连同叶开裂,失去食用价值。高温干旱或突然性的高温、高湿易发生芹菜叶柄开裂。防治芹菜叶柄开裂的方法:①要控制温、湿度,创造适宜的温度、水分条件。②避免大旱、大涝。③寒冷季节要注意保温保湿,避免温度忽高忽低。④深耕松土,多施有机肥,促进根系生长发育,增强抗旱、抗低温的能力。

(7)芹菜株裂 随着芹菜的生长发育,茎基部外侧叶子的叶柄出现纵向开裂。它不同于芹菜叶柄开裂,叶柄开裂是基部,叶柄的纵向开裂是单个叶柄的异常长相。株裂是两叶或多叶之间的叶柄分离现象,对芹菜的生长发育、产量和质量危害更大。其原因是前期控制太过,后期促进生长又过于急迫,导致芹菜后期在给予适当的栽培技术措施时,芹菜生长发育过于迅速,形成株裂。其防治方法:在芹菜育苗期,一般以小水勤浇为原则,保持土壤湿润,待长到1～2片真叶时间苗,间苗前后控浇1次小水。间苗浇水后盖一层薄土。以后视天气及土壤湿度确定是否浇水。注意浇水时宜用小水勤浇,不可用大水浇灌。缓苗后还应有短期的控水阶段,进行蹲苗锻炼。蹲苗时间的长短视土质而定。蹲苗后发现地皮已干,就应立即浇水,切不可蹲苗过度。在保护地栽培时,若蹲苗,在水的管理上同露地芹菜。在温度管理上,以低于正常温度约2℃为宜,不可降得过多。追肥视苗情、地力的不同情况进行,以免造成芹菜生长发育迟缓。

(8)芹菜叶缘腐烂　芹菜幼嫩叶片的叶缘变褐,叶萎缩,湿度大时叶缘腐烂。主要原因是缺钙。其防治方法:①施足施匀充分腐熟的优质有机肥,每667平方米施优质有机肥3 000～5 000千克作基肥,并掺沤氯化钙5～10千克,以有机肥补充芹菜需要的生物钙。②在施肥时,针对缺钙情况每667平方米施氯化钙1～2千克。③如严重缺钙,可适时喷施0.1%～0.2%氯化钙溶液予以缓解,然后再施氯化钙1～2千克补充。

(9)芹菜先期抽薹　芹菜的食用商品是叶和叶柄,在作为食用商品收获前,植株长出花薹的现象,称为先期抽薹。先期抽薹的植株,其叶柄产量下降,叶柄的纤维素增加,食用品质下降。

芹菜要求在低温条件下通过春化阶段,在长日照条件下通过光照阶段。在2℃～5℃时,10～20天可以通过春化阶段。芹菜通过春化阶段必须有一定的大小,一般中国芹菜在4～5片叶以上,西洋芹菜在7～8片叶以上才能感受低温完成春化阶段。芹菜先期抽薹的原因如下:①品种。生长旺盛,抗寒力强,冬性强,通过春化阶段需要温度低的品种,先期抽薹现象少;相反,易抽薹。②种子。芹菜种子的使用寿命一般为1～3年。贮藏期超过3年仍有发芽率,但活性大大降低。用这样的种子培育的植株生长势弱,营养生长抑制不住生殖生长,先期抽薹现象严重。芹菜正常留种采种是秋季栽培成株,经成株移栽或翌年春移栽后留种,这样采收的种子冬性强,先期抽薹现象较轻。有的地方用早春播种的植株原地间苗,直接留种,这些植株大部分是幼苗通过春化阶段,营养不充分,属于先期抽薹的植株,冬性减弱。用这类种子栽培,易发生先期抽薹现象。③栽培技术。育苗期和生长前期长期处于10℃以下的低温环境,幼苗期则通过春化阶段,发生先期抽薹。在春早熟栽培中,春播过早,育苗期在寒冷的冬季,如果育苗设施保温性能不良，一般很难保证秧苗不通过春化阶段；这种秧苗定植后，如果水肥不足，蹲苗过度，杂草、病虫害影响营养生长等，均会促进生殖生长而发生先期抽薹。④采收时间。在春早熟栽培中，多数植株已有花薹，如采收适当提前，花薹短，先期抽薹的为害就轻；采收越晚，先期抽薹的为害越重。

防止先期抽薹的措施是：①选用冬性强的品种，利用较新的种子，留种技术要正确适当。②育苗期应保证温度条件适宜，改善光照、温度环境。③生长期加强水肥管理，及时除草，防治病虫害，适期早收。采用擗叶收获方法。④生长盛期每7～10天喷1次20～50毫克/千克赤霉素溶液，连喷2～3次，可促进生长，抑制先期抽薹。

57. 怎样采收芹菜?

由于芹菜的播种期、栽培方式和品种不同，其采收的要求也不一样。一般除早秋播种的实行间拔采收外，其他都一次采收完毕。

芹菜的采收时期可根据生长情况和市场价格而定。一般定植50～60天后，叶柄长达40厘米左右，新抽嫩薹在10厘米以下，即可收获。由于春早熟栽培易发生先期抽薹现象，如收获过晚，薹高老化，品质下降，故宜适当早收。春季芹菜的市场价格是越早越高，因此适期早收有利于提高经济效益。

芹菜收获前应灌水，在地面稍干时，早晨植株含水量大、茎秆脆嫩时连根挖起上市。在价格较高，或有先期抽薹现象时，也可擗收。每次擗取外叶5～6片，擗后勿立即浇水，以免水浸伤口，诱发病害。待新长出3～4片叶时，再浇水追肥，促进新叶生长，约经15～20天又可第二次擗收。

秋延迟栽培芹菜的采收期不严格。由于此期市场价格是采收越晚价格越高，越接近元旦和春节价格越高，所以应尽量适当晚采收。一般株高为60～80厘米即可采收。在冬季采收时，应选晴暖天气，从畦的一头全部刨根收获。如果保护设施内温度条件适宜，也可用擗叶的方法实行多次采收。从11月下旬或12月上旬开始，利用芹菜叶分化能力强、生长快的特性，分次擗收叶柄。每15～20天左右收1次，每次擗收外叶1～3片，共可收3～4次，直至保护设施内温度太低，不能生长时为止。每次擗叶后，过4～5天又长出新叶时，可酌情浇水、追肥，以促进下一批叶的生长。

越冬芹菜的收获方法同秋延迟栽培。

58. 芹菜的质量检测(外观)有哪些要求?

芹菜叶柄肥厚、鲜嫩，削根每株留4～6叶柄，长35～50厘米。叶柄色、叶色具该品种固有特征，整齐均匀，无病斑，无虫害，无老叶断叶。如为实心芹，叶柄不空心，叶柄宽厚，叶色深绿，口感脆嫩。

59. 芹菜采后的处理技术是什么?

(1)本地鲜销　芹菜从田间采收后，即在清洁的水池内淋洗，去掉污泥，整理一遍，然后按质量检测要求，分等级扎成小把，整齐地排放入特定的盛器内，随即运送至销售点，注意保持鲜嫩，及时优质优价销售。

(2)保鲜贮藏

①保鲜贮藏特性　芹菜性喜冷凉湿润，耐寒性仅次于菠菜，其食用部分为嫩而脆的叶柄。芹菜叶片可承受-3℃的低温，但根茎部耐寒力差，低于0℃可能受冻害。根据芹菜这一特点，生产上多采用微冻贮藏或假植贮藏。近年来，采用气调贮藏效果也较好。

萎蔫是造成芹菜品质变劣的主要原因之一，因此芹菜最好在空气相对湿度很高的环境下(78%～100%)贮藏，并保持足够的空气流通，使各处的温度一致。芹菜在低温下对低浓度的乙烯不敏感。在5℃以上、乙烯浓度为10毫克/升以上的环境下保鲜，芹菜将失绿；在低氧气（小于2%）、高二氧化碳（大于10%）可导致芹菜产生伤害，症状表现为风味丧失，产生异味，内部褐变。

②保鲜贮藏方法 如芹菜采收后不能当日销售完，须贮藏延后出售时，应根据当时天气情况采取相应措施。在高温季节，应将芹菜放于通风、凉爽的屋内或露天摊开放置，防止阳光直射而干瘪、腐烂；在冬季，可将芹菜堆积在屋内泥地上，使根部交叉横置（将根部交叉各放一边），层层堆放，高1～1.7米，周围和上面用草帘盖好，防止受冻。贮藏堆的温度以控制在0℃～2℃为宜。如贮藏期间温度升高时，应随即揭去草帘通风或迅速出售。

还可进行气调贮藏保鲜。塑料薄膜小包装贮存，又称小包装气调贮存。使用这种贮存法，需在采收之前，用1～10毫克/升的6-BA液喷洒芹菜的地上部分。将喷有6-BA液的芹菜摘去根和黄叶后装袋，放在宽50厘米、长80厘米、厚0.07毫米的聚乙烯塑料袋中，每袋装入的芹菜量为15～20千克，扎紧袋口，置于0℃的库中贮存。此法是采用自然降氧法，所以每隔3天要测1次袋中的气体成分，通常每7～10天开袋换气1次，若库温能经常保持在±0.5℃，也可半个月开袋1次。原则上袋内的氧气含量不能低于2%，二氧化碳含量不高于5%。据李拖平（1955）研究报道，2%的氧气、4%～6%的二氧化碳是芹菜适宜的保鲜环境，在不出现低氧气、高二氧化碳伤害的情况下，可以防止叶片黄化，延缓衰老。

③保鲜包装方式 小束小捆包装。这种保鲜包装是用天然植物藤或塑料带将芹菜扎成小束或小捆，一般每束为1～2.5千克，主要用于短时间的运输贮藏和销售。也有用牛皮纸或塑料（聚乙烯）薄膜将芹菜制成筒状，这种方式可连叶和茎秆（叶柄）一同捆扎，也可将叶去掉，专捆茎秆（叶柄）。二是袋装。这主要指聚乙烯及其复合编织袋包装。在包装袋内的芹菜一般还要扎成小捆，再分袋包装。可用的袋还必须设有专门的透气孔，这种包装方式配合冷库或空调库存放，可在较长时间内保鲜。具体保鲜效果与包

装材料特性、薄膜厚度、环境条件等因素有关。三是箱装。主要指用瓦楞纸箱进行的包装。一般用3～5层瓦楞纸板制箱，可先将芹菜捆成0.5～1千克的小捆，再进行装箱。纸箱内可加塑料(聚乙烯物)薄膜内包装，在包装箱或内包装薄膜上均要开透气孔。另外，瓦楞纸箱外表可覆盖一层塑料(聚乙烯物)薄膜，这种包装是现代包装的潮流。

四、菠　菜

60. 菠菜的形态特征如何?

菠菜又称菠、波斯草、赤根菜、菠薐菜，为藜科菠菜属，是以绿叶为主要食用产品的1～2年生蔬菜植物。

菠菜主根发达，较粗大，上部呈紫红色、味甜可食，侧根不发达，不适宜于移植。主要根群分布在25～30厘米的耕层内。抽薹前叶着生在短缩的盘状茎上。叶戟形或卵形，色浓绿，质软，叶柄较长，花茎上叶小。叶腋着生单性花，少有两性花，雌雄异株，间有雌雄同株，花茎高60～100厘米。雄花无花瓣，花萼4～5裂，雄蕊与花萼同数，花药纵裂，花粉多，风媒花；雌花无柄或有长短不等的花柄，无花瓣，有雌蕊1枚，花萼2～4裂，包被子房，子房一室，内含一个胚珠，受精后形成1个"胞果"，内含1粒种子，萼片硬化成为整个果实的外壳。有的萼片上伸出2～4个角状突起的"刺"，也有不生刺的。播种用的种子实际上是果实。种子圆形、外有革质的果皮，水分和空气不易透入，发芽较慢。果实因品种不同可分为有刺和无刺两种。

菠菜植株的性型表现有4种：①绝对雄株。植株较矮小，基生叶较小，花茎上叶片不发达或呈鳞片状。复总状花序，只生雄花，抽薹早，花期短。②营养雄株。植株较高大，基生叶较多而大。雄花簇生于花茎叶腋，花茎顶部叶片较发达，抽薹较晚，花期较长。③雌性植株。植株高大，茎生叶较肥大，雌花簇生于花茎叶腋，抽薹较雄株晚。④雌雄同株。植株上有雄花和雌花，依雄花和雌花的比例又有几种情况，即雄花较多、雌花较多、雌雄花数几乎相等，或者早期发生雌花，后期发生少数雄花。

在一般情况下,雌雄株比例相等,但依品种而有不同。如有刺种绝对雄株较多,无刺种是营养雄株比较多。

61. 菠菜的生育周期怎样?

菠菜生长发育周期可分为营养生长期和生殖生长期。

(1)营养生长期 从子叶出土到花序分化,子叶出土后,先是生长点不断分化叶原基,进一步形成真叶,之后叶数增加,叶面积扩大,叶重量增加。出苗后1～2周,子叶面积和重量以每周2～3倍的速度增长,但真叶增长很慢。2片真叶展开后,叶数、叶重、叶面积迅速增长。经一定时期(因品种、播种期和气候条件等而异)生长点分化花原基后,叶片数不再增加,但叶面积和叶重继续增加。花序分化时的叶数因播期而异,少者6～7片,多者20余片。

(2)生殖生长期 从花序分化至种子成熟,在长日照条件下能够进行花芽分化的温度范围很广。花序分化到抽薹的天数,因播期不同而有很大的差异,短者8～9天,长者140多天,这一时期的长短关系到采收期的长短和产量的高低。

62. 菠菜有哪些类型和优良品种?

菠菜根据叶型及种子上刺的有无分为有刺和无刺两个类型。

(1)有刺类型 又称中国菠菜。在我国栽培历史悠久,分布范围广泛。其叶片平而狭小,戟形或箭形,先端锐尖,又称尖叶菠菜。叶面光滑,叶柄细长,耐寒力较强,耐热力较弱,对日照的感应较敏感,在长日照下抽薹快。适宜秋季栽培,或秋播越冬栽培,质地柔软,涩味少,春播易抽薹,产量低;夏播生长不良。主要有以下品种。

①浙江绍兴菠菜 浙江地方品种。浙江、上海等地栽培较多。植株半直立生长,叶戟形,先端钝尖。基部有1对深裂刻。叶淡绿色,平滑。耐热力较强,耐寒力较差,适宜早秋播,春季抽薹早。

②杭州塌地菠菜 杭州地方品种。植株矮小，塌地生长。叶顶端尖，深绿色，平滑。耐寒力强，较晚熟，不易抽薹。品质好，但产量低。

③湖北沙洋菠菜 湖北地方品种。尖叶种。适宜早秋栽培，越冬栽培抽薹较早。

④铁线梗菠菜 广州市郊品种。栽培历史悠久。株高 44 厘米，开展度 20 厘米。叶片较薄，长戟形，叶柄细长。抗霜霉病力强。品质好。

⑤大叶乌 广州市郊品种。株高 40 厘米，开展度 23 厘米。叶较厚，长戟形，浓绿色，先端渐尖，叶柄粗壮。耐热力较强。早熟，质优。但易感霜霉病。

⑥青岛菠菜 南京、上海市等地栽培较多。植株叶簇半直立，叶卵形，先端钝尖，基部戟形，叶柄细长，叶面较光滑。抗寒力强。生长迅速，产量较高。

⑦华波 1 号菠菜 华中农业大学园艺林学学院选育成的杂交一代菠菜新品种。植株半直立，株高 25～30 厘米。叶色浓绿，叶肉较厚。单株重 110 克。食之柔嫩，无涩味。耐高温，早熟性强，适于早秋播种栽培。

(2)无刺类型 又称圆叶菠菜。过去栽培较少，近年来逐渐增多。叶片肥大，多皱，卵圆、椭圆或不规则形，先端钝圆或稍尖。叶柄短，种子无刺，果皮较薄。耐寒力一般，较有刺型稍弱，但耐热力较强。对长日照感应不如有刺类型敏感，春季抽薹较晚。适宜春季或晚秋及越冬栽培，产量高，品质好。主要有以下品种。

①广东圆叶菠菜 广东地方品种。叶片椭圆形，呈卵圆形，先端稍尖，基部有 1 对浅缺刻。叶片宽而肥厚，浓绿色。耐寒力较弱，耐热力强，适宜夏秋栽培。

②法国菠菜 叶片肥大，近圆形，深绿色，叶面稍皱缩。长势强。抽薹较晚，产量高。西北、东北地区栽培较多。

③南京大叶菠菜　南京地方品种。植株半塌地生长，种子无刺。叶大，呈心脏形，叶面皱缩。品质好，产量较高。耐热，适宜早秋栽培。

④上海圆叶菠菜　上海地方品种。植株塌地生长。叶近圆形，先端钝圆，基部心脏形，叶面皱缩。品质好，产量较低。抗寒力强，成熟较晚，适宜春播栽培。

⑤美国大圆叶　由美国引进。叶片肥大，卵圆形至广三角形。叶面多皱缩，浓绿色，品质甜嫩。春季抽薹晚，产量高。抗霜霉病及病毒病能力弱。

⑥春不老菠菜　为陕西当地品种与法国菠菜选育而成。陕西栽培较多。叶深绿色，长圆形，肥大宽厚，叶面皱缩多。植株长势旺，较耐寒抗病。抽薹晚，产量高，适应性强。

⑦华波2号菠菜　华中农业大学园艺林学学院育成的圆叶菠菜一代杂种。株高28.5～33.5厘米，较直立。出苗快，生长势强。叶呈长椭圆形，叶基部一裂，对生一小齿，叶色较浓绿，叶甜。适于早秋、秋冬及越冬栽培。

此外，近几年在高山地区(如湖北长阳)引种菠菜，试种获得成功。其品种介绍如下。

(1)日本奥伊菠菜　原产于日本，近年来引进我国。植株生长势较强，叶大肥厚，略有皱缩。叶柄较长，质地柔嫩，品质好。较耐热，也有一定的耐寒性。但植株对病毒病的抗性较弱，栽培时要注意防治。

(2)诺贝尔菠菜　为东洋种和西洋种的杂交一代种。生长速度快，春、秋均可栽培。耐抽薹，抗霜霉病。叶色深绿，缺刻浅。兼备耐寒和耐热，产量高。适宜市场鲜销和加工。

(3)绿海大叶菠菜　由山西省农业科学院育成推广。原名为79-2317。植株长势旺盛，叶片大，叶柄短。叶面微皱，绿色，叶肉厚，质嫩，纤维少，品质好。耐热抗病，抽薹较晚，收获期长，但抗寒性较弱。

(4)春秋大叶菠菜 从日本引进。株高30～36厘米，半直立状。叶长椭圆形，先端钝圆，平均叶长26厘米，宽15厘米，肥厚，质嫩，风味好。耐热，抽薹晚，但抗寒性较弱。

(5)新世纪菠菜 纯度高，抽薹晚，生长旺盛。半直立性，叶稍宽，有光泽，有缺刻，叶肉厚，品质优。叶柄粗，叶数多。抗病，耐热性强，产量高。

另外，锦州大叶圆、佳木斯秋大叶、黑光菠菜等在高山地区种植，也是较好的品种。

63. 菠菜的良种繁育技术是什么？

菠菜的采种方式有秋播越冬(老根)采种，冬播(埋头)菠菜采种及当年直播种。在南方地区的留种菠菜可适当迟播，一般在10月份，如果迟至早春播种，植株生长不大而抽薹快，不利于株选，影响种子的产量和品质。一般在晚秋栽培的田块内，选地势高燥、排水好、肥力较贫瘠、有严格隔离条件的地块作为留种田。要求繁殖生产用种隔离区500米以上；繁殖一、二级良种隔离区在800米以上；繁殖原种时，在1 000～1 500米以内的地区不得有其他菠菜品种同时采种；在当年采收1～2次商品菜后，留下具有本品种优良特性的健壮无病虫植株越冬；密度按行株距18～21厘米，选择时要注意品种的典型特征，尖叶品种留种田要拔除圆叶植株，圆叶品种留种田要拔除尖叶植株。翌年立春后，结合去杂去劣，追肥1次并增施磷肥，促进种子发育充实，提高种子产量。由于菠菜是雌雄异株植物，因此，在抽薹开花时，要及时做好去杂去劣和拔去一部分过早抽薹开花的绝对雄株和一部分营养雄株，同时保留一部分与雌株同时开花的营养雄株，这样既可保证雌株有相应的花粉来源进行授粉受精结籽，同时也改善田间通风透光条件，以利于种株良好生长。5月下旬，种株叶片变黄，种子成熟，整株拔起后放一段时间再行脱粒晒干，扬净后贮藏。

上海、杭州市等地菠菜留种常用闷籽法，即将成熟的种株拔起，运至空旷场地上，将种株根朝外，堆成约 1 米高的圆堆，堆积 10 多天后脱粒。这种办法不仅可促进种子后熟，发芽势强，出苗率高，而且可淘汰不充实的种子，使脱粒容易。但堆积的时间不宜过长，一般不超过 15 天，堆温不宜过高，否则影响种子的发芽力。

64. 菠菜生长发育需要什么环境条件？

(1)气候条件　菠菜是绿叶菜类耐寒力最强的一种，成株在冬季最低气温为－10℃左右的地区均可露地安全越冬。耐寒力强的品种具有 4～6 片真叶的植株，可以耐短期－30℃的低温，甚至在－40℃的低温下根系和幼苗也不受损伤，仅外叶受冻枯黄。但只有 1～2 片真叶的小苗和将要抽薹的成株抗寒力较差。

菠菜种子发芽的最低温度为 4℃，最适温度为 15℃～20℃。在适宜温度下，4 天就可以发芽，发芽率达 90％以上；随着温度的升高，发芽率则降低，发芽的天数也增加，35℃时发芽率不到 20％。

菠菜在营养生长时期，苗端叶原基的分化速度，在日平均温度在 23℃以上时，随着温度的下降而减慢。叶面积的增大以及平均温度为 20℃～25℃时增长最快。如果气温在 25℃以上，尤其是在干热条件下，生长不良，叶片窄薄瘦小，质地粗糙有涩味，品质较差。

菠菜是长日照蔬菜，从播种到开花所经过的天数，因日照时数多少而不同。日照 6 小时需 73 天，12 小时需 46 天，16 小时只需 34 天。温度和光照对菠菜的孕蕾、抽薹、开花有交互作用。日照时数相等，在一定范围内，温度愈高，孕蕾、抽薹、开花愈快；温度相等，日照时数愈长，孕蕾、抽薹、开花延迟。花芽分化后，花器的发育、抽薹和开花也随温度的升高和日照加长而加速。花芽分化早，叶数的分化减少，花芽分化迟，则叶数的分化增加。花器发育和抽薹慢，叶的生长期长，反之则短。要提高菠菜的个体产量，应在播后的叶片生长期有20℃左右的温度，日照逐渐缩短，使叶原基分生快，花芽分化慢，以争取较多的叶数。花芽分化后，温度要降低，日照缩短，以延迟抽薹，延长叶的生长期。

(2)对土壤营养条件要求 菠菜在生长过程中需要大量水分。在空气相对湿度为80%～90%，土壤湿度为70%～80%的环境条件下，营养生长旺盛，叶肉厚，品质好，产量高。如生长期间缺水，生长速度减缓，叶组织老化，纤维增多，品质差。特别是在温度高、日照长的季节，缺水将使营养器官发育不良，且会促进花器官的发育，抽薹加速；但水分过多，也会生长不良，降低叶片的含糖量，导致食用时缺乏滋味。

菠菜是耐酸碱性较弱的蔬菜，适应的pH为5.5～7，pH为5.5以下时，植株生长不良；pH为4时，植株枯死；pH为8时，则产量下降。菠菜需要保水、保肥力强的肥沃的土壤，吸收氮、磷、钾完全肥料。在三要素俱全的基础上，应特别注意氮肥的施用。氮肥充足，可使叶部生长旺盛，不仅提高产量，增进品质，而且可以延长供应期。缺氧时，植株矮小，叶发黄，易未熟抽薹。菠菜的施肥应根据土壤肥力、肥料种类、栽培季节、温度和日照情况而定。过量的氮肥会增加菠菜硝酸盐和亚硝酸盐的含量，对人体健康不利。

65. 如何确定菠菜的栽培季节和播种期？

菠菜在较长的日照和较高的温度条件下，有利于花芽分化和抽薹，在日照较短和冷凉的秋季和秋冬季，特别有利于叶簇的生长，而不利于花芽的分化和抽薹。所以菠菜栽培安排的主要茬次是：早春播种，春末收获，称为春菠菜；夏播秋收，称为秋菠菜；秋播，翌年春收获，称为越冬菠菜；春末播种，夏秋收获，称为夏菠菜。在南方大多数地区，菠菜的栽培以秋播为主。秋播中选用耐热的早熟品种，行早秋播种，于当年收获；选用晚熟和不易抽薹的品种，行晚秋播种，于翌年春收获。近年，随着遮阳网、防雨棚的应用，可选用耐热和不易抽薹的品种栽培，进行春播或夏播。

在长江流域，早秋播种一般在 8 月上旬至 9 月上旬进行，播种后 30～40 天可分批采收；也可提前于 7 月下旬或延迟于 9 月中下旬播种，10 月下旬至 11 月上旬播种的，于翌年春收获。春播菠菜于 2～4 月播种，但以 3 月中下旬播种为适期，播种后 30～50 天采收。夏播菠菜于 5 月下旬至 8 月中旬播种，实行遮阳、防雨棚栽培，6 月下旬至 9 月收获。

在广州市，由于冬季比较暖和，适宜播种的时间比较长，早熟种铁线梗菠菜的播种期为 8～12 月，适期为 10～11 月；大叶系菠菜播种期为 9～12 月，播种适期为 10 月；晚熟种迟乌叶菠菜的播种期为 11 月至翌年 2 月，播种适期为 11～12 月。

66. 菠菜怎样进行种子处理和播种?

(1)种子处理　菠菜种子是胞果，其果皮的外层是一层薄壁组织，可以通气和吸收水分，而内层是木栓化的厚壁组织，通气和透水困难。为此，许多地方常在早秋或夏季播种，播前常先进行种子处理，将种子浸在凉水中 12 小时，放在 4℃的低温冷库里处理 24 小时，然后在 20℃～25℃条件下催芽，或将浸种后的种子放入冰箱冷藏室中，或吊在水井的水面上催芽。经 3～5 天出芽后播种。

(2)播种　各地栽培菠菜多用直播法，以撒播为主，也有条播和穴播的。早秋播种菠菜，由于气候炎热、干旱，且时有暴雨，生长较差，常死苗，播种量较多，一般撒播，每公顷播种量为 150～225 千克。播前先浇底水，播后用草或遮阳网覆盖，保持土壤湿润，以利于出苗。为了防止高温暴雨，有些地区还搭棚遮荫。

在 9 月上旬前后播种，气温逐渐降低，无须浸种催芽，每公顷播种量为 75 千克左右。10 月播种或春播，每公顷播种量为52.5～60

千克。菠菜的播种量除了因播种季节不同而异外,也因播种方法、采收方法不同而有差异。一次采收完毕的、春播的播种量可少些,在高温条件栽培或进行多次采收的,可适当增加播种量。

67. 如何进行菠菜的田间管理?

菠菜发芽期和初期生长缓慢,早秋播种后,要做好抗高温、防暴雨、防鸟害工作。可用草帘、遮阳网等覆盖畦面,出苗后再揭开覆盖物。此外,还要做好杂草、病虫害防治工作。晚秋播主要做好肥水管理工作,追肥以轻浇勤浇为原则,幼苗有 2 片真叶时,追施 1∶3 的腐熟粪肥一次,每 667 平方米施肥量为 2 500～3 000 千克。以后随着气温的下降和植株的长大,肥分浓度可适当提高,以促进菠菜营养生长健壮和增强抗寒力,延迟早春抽薹。每采收一次追施肥料一次,水分管理需常保持土壤湿润,以利于植株生长即可。其他与早秋播类似。秋播菠菜前期气温高,追肥可结合灌溉进行,可用浓度约 20%腐熟粪肥追肥,后期气温下降,浓度可达 40%左右。越冬的菠菜应在春暖前施足肥料,以免早期抽薹;在冬季日照减弱时,应控制无机肥料用量,以免叶片积累过多的硝酸盐。分次采收的应在采收后追肥。在采收前 15 天左右用 5 毫克/千克的赤霉素喷洒,可以提早成熟,增加产量。气温高时,菠菜对赤霉素反应敏感,使用浓度可低些;气温低时,浓度可高些。使用赤霉素必须结合追肥,增产效果才更显著。

春播菠菜出苗后 10 天,追施 1∶3 腐熟粪肥 1 次,或喷施 0.5%尿素液肥 1 次。也可每 667 平方米用尿素 10 千克均匀干施后,再立即浇水溶解尿素,以提高土壤氮肥含量,促苗健旺生长。

利用塑料大、中棚栽培时,寒冬季节棚内的温度若能维持 0℃以上,菠菜仍可缓慢生长。此时期土壤蒸发量小,但仍应适当浇水,10～15 天浇水 1 次,保持土壤湿润。在天气晴朗、气温稍高时,可结合浇水每 667 平方米追施尿素 10～15 千克。冬季外界气温很低，应密闭大棚，想尽一切办法保温。白天保持棚内 15℃～20℃，夜间在 5℃左右，争取在春节前长成采收上市。

68. 怎样防治菠菜霜霉病?

【症　状】 叶片上初生淡黄色小斑，边缘不明显，扩大后相互连接成片，呈不规则形病斑。叶背面产生灰紫色霉(孢子囊及孢子囊梗)，天干时病叶干枯，潮湿时病叶腐烂。

【病原及发病规律】 该病由真菌菠菜霜霉侵染引起，只侵染菠菜。病菌主要以菌丝在田间病株上越冬，翌年春天产生孢子囊，借气流传播，侵染危害。在空气相对湿度为 85%以上和低温环境下(孢子囊产生和萌发的最适温度分别为 7℃～15℃和 8℃～10℃)一般发病较重。在武汉市 3～4 月份发病较多。

【防治方法】 同莴苣霜霉病。

69. 怎样防治菠菜炭疽病?

【症　状】 发病初期；叶片上发生淡黄色小斑，而后小斑逐渐扩大，最后变成灰褐色的病斑，上有同心轮纹，轮纹上生有许多黑色小点。

【病原及发病规律】 该病为真菌病害。病菌以菌丝体在病株残体和种子内越冬。翌年通过风、雨和昆虫传播，在雨水多、地势低洼、种植密度大、植株生长不良地块，发病严重。

【防治方法】 同莴苣霜霉病。

70. 怎样防治菠菜病毒病?

【症　状】 植株感病后，心叶萎缩，或发生浓淡相间的绿色斑驳，叶片细小、畸形，老叶提前枯死。危害严重时，病株卷缩，呈球状。采种株发病后，显著矮化，结实不良。

【病原及发病规律】 该病由病毒侵染所致，主要有黄瓜花叶病毒(CMV)、芜菁花叶病毒(TUMV)和甜菜花叶病毒(BMV)。甜菜花叶病毒粒体线条状,传毒介体为桃蚜和豆蚜,汁液接触亦能致病。

【防治方法】 清除田边杂草,苗期治蚜。喷洒植物双效助壮素(病毒 K)。合理管理肥水,做好开沟排水等各项田间管理工作。

71. 怎样防治蚜虫、菜螟和潜叶蝇?

防治蚜虫,用 40%乐果乳剂 1 000 倍液喷洒。防治菜螟,用 90%敌百虫晶体 1 000 倍液或每 667 平方米用 Bt 乳剂原液 100 克对水稀释后喷洒。防治潜叶蝇,用 90%敌百虫晶体 1 000 倍液+40%乐果 1 000 倍液喷洒。

72. 怎样采收菠菜?

秋菠菜播种后 30 天左右,株高 20～25 厘米即可采收,以后每隔 20 天左右采收 1 次,共采收 2～3 次。春播菠菜常 1 次采收完毕。收获时一般采用镰刀沿地面割起,然后扎成把,也有的连根拔起,然后用菜刀切根或连根洗净,每 500 克或 250 克装入袋中出售。

分次采收时,须注意要用小斜刀刀尖细心地在根茎下处挑收。注意挑大、挑密处收,稀处少收,留下的植株营养面积均匀,可均衡良好生长,这样可提高下次采收的产量和质量。

早晨植株柔嫩,叶脆,易损伤,应尽量避免在早晨采收。待下午植株露珠已干时采收为宜。

73. 菠菜的质量检测(外观)有哪些要求?

菠菜应鲜嫩、翠绿,叶肥而且光洁,无泥土及杂草,无白斑、虫害,无老叶、黄叶和子叶。菠菜切根后,根长不超过 0.5 厘米。净菜茎叶 5～7 根,茎叶全长 14～20 厘米。

74. 菠菜的采后处理技术是什么?

(1)本地鲜销　菠菜从菜地采收后,放清水池内轻轻淋洗,去掉污泥,在室内整理一遍,按质量检测要求,分成等级,扎成重0.5～1千克的小捆,整齐地装入菜筐,运至销售点,保持鲜嫩销售。

(2)保鲜贮藏

①保鲜贮藏特性　菠菜耐寒能力强。据试验,菠菜能忍受-7℃左右的低温,解冻后仍可恢复新鲜状态。因此,菠菜冻藏就是要求温度降到菠菜冰点以下,细胞中的游离水开始结冻。当外界温度逐渐升高时,细胞的生活功能开始恢复,即应在不致丧失蔬菜组织细胞生活功能的前提下冻结,在这样的低温下抑制酶的活性和病菌的活动,从而使蔬菜能长期贮藏。

②保鲜贮藏方法　一是冷库保鲜。冷库贮藏菠菜,库温应控制在0℃±0.5℃,另外需要采用塑料薄膜袋包装(松扎袋口)的方法,创造一个温度较低而且稳定、空气相对湿度较高、二氧化碳含量适宜的贮藏环境。具体做法和要求是:将待贮菠菜挑选、整理、剔除病株和单片叶后打捆(每捆以0.5千克左右为宜)装入筐内,每筐约装10千克,在0℃～1℃条件下预冷1天。预冷后的菠菜,用0.08毫米厚、长、宽各为1.1米和0.8米的聚乙烯薄膜袋包装。装袋时,将菠菜根朝袋的两端,叶对叶码3层,每层8捆。装袋后,平放在菜架上,敞口一昼夜。翌日用直径为20毫米的圆棍棒放在袋口处扎上袋口,再拔出棍棒,并将袋拉平,使袋口内有较大的空间。每7～10天测一次二氧化碳含量。在0℃库里,袋内二氧化碳浓度应在1%～5%之间,超过此量时可开口通风调节。库内温度维持在0℃±0.5℃。贮藏初期1个月抽查1次质量,以后每隔15天抽查1次。采用此法可以将春菠菜贮藏1个月左右,其商品率达90%以上,秋菠菜可贮藏3个月左右,商品率达94%。二是气调保鲜。美国菠菜的气调保鲜条件控制,氧气为10%,二氧化

碳为10%～40%。这种条件有利于菠菜保色保鲜(不变黄，不变软)。其气调保鲜工艺为:用厚度为0.08毫米的聚乙烯薄膜制成1 000毫米×750毫米的包装袋，每袋装15捆(每捆0.5千克)菠菜，扎紧袋口，然后分别摆放到气调库的货架上，自然降氧，将气温调至0℃，并调节气体成分。当氧气降至11%～12%，二氧化碳升至5%～6%时，即开袋给氧，给氧时间为2～3小时。当袋内二氧化碳升至18%以上后，重新捆扎袋口，如此反复进行。这种方法简单易行，贮藏2～3个月，其商品率在80%以上。

③保鲜包装方式　保鲜包装的方式主要有袋装和箱装两种。无论是袋装还是箱装，都必须先把菠菜打成捆，每捆重量为200～300克。打捆有利于在箱内或袋中热量的散发和气体的流动。袋装方式多以聚乙烯塑料薄膜袋为多，也有用聚丙烯薄膜袋包装的。一般所用塑料袋装不宜过于密封，要求有一定的透气性，故对阻隔性过强的塑料包装应设置专门的透气孔，而且每袋的重量不宜太重，通常以10～15千克为宜。纸箱包装菠菜，一般用3～5层瓦楞纸箱，纸箱有专门的规格。每个纸箱的规格按规定的重量加以限制，各个地区、各个国家的做法不完全相同。日本纸箱包装菠菜的规格为每一箱装30～40捆。菠菜的纸箱包装分有横装和竖装两种。日本的横装纸箱尺寸规格为长×宽×高＝470毫米×365毫米×175毫米，竖装纸箱尺寸规格为长×宽×高＝610毫米×350毫米×300毫米。

菠菜最易腐烂。在0℃和空气相对湿度为95%～100%的条件下，保鲜期只有10～14天，一般应控制在0℃左右，并用带透气孔的聚乙烯膜包装出售。

(3)加　工

①脱水菠菜　脱水菠菜是军需实用蔬菜之一，具有营养、色泽、口味不变、携带便利等优点。当菠菜有6～7片真叶时，最适宜脱水加工。上海市10月底至翌年4月底，在菠菜生产旺季时进行

加工。先将采收的菠菜进行整理，除去黄叶和杂物后洗干净，然后放在100℃开水里浸泡2分钟，再放到冷水池内冷却，取出后放在离心机内除去部分水分，随后均匀地摊在烘匾上，装上烘车，在80℃～85℃烘房内烘6小时左右，再挑选去杂后压块（每块500克）包装即成。鲜菠菜50千克可加工成脱水菠菜4千克。食用时，放在温水里泡开，0.5千克压缩菠菜可还原成2～2.5千克。

②速冻菠菜　速冻菠菜是对外贸易的主要蔬菜品种之一。用于加工的单株要求在50克以上。加工时间在11月至翌年1月。采收的菠菜先经过整理，除去黄叶、杂质和侧根，主根留0.5厘米左右，然后洗净放在开水中浸泡1～2分钟，再放入冷水池内冷却后，取出进行整理。根和叶交叉安放扎成0.5千克小方块，装入塑料袋内。然后放进－40℃冰库里速冻80分钟，再放在冷水里浸一下。在塑料外壳形成一层冰衣后再入冷藏仓库。食用时，放入温水中将冰融化后用刀切小后就可炒食，味道鲜美。速冻菠菜可调节市场供应，以旺养淡。

五、藜　蒿

75. 藜蒿的形态特征如何?

藜蒿又称蒌蒿、芦蒿、香艾蒿、艾蒿、小艾、水艾、水蒿、柳蒿芽、狭叶蒿,是菊科蒿属多年生草本植物。以根茎和嫩茎供食用。

藜蒿根系发达,地上茎从地下茎上抽出,直立,植株高 60～150 厘米。一般在春季抽生嫩茎时采收。地下茎根状,色白而粗壮,是营养物质的主要贮藏器官。叶片羽状深裂,叶面绿色无毛,叶背面粉绿色,有白色短茸毛。顶端和叶腋抽生头状花序。花黄色,内层为雌、雄两性花,外层只有雌性。瘦果,种子细小、有冠毛。果实黑色,老熟后易脱落。

76. 藜蒿有哪些类型和优良品种?

(1)藜蒿类型　按其嫩茎的色泽、香味的浓淡等可分为白藜蒿、青藜蒿和红藜蒿 3 种类型。

①白藜蒿　嫩茎淡绿色,粗壮多汁,脆嫩,不易老化。叶色稍浅,叶面呈黄绿色,春季萌芽较早,可食部分较多,产量较高,但香味不浓。

②青藜蒿　茎青色,味香,按叶型分属碎叶蒿。

③红藜蒿　嫩茎刚萌生时,为绿色或淡紫色,随着茎的生长,色泽加深,最终嫩茎呈淡紫色或紫红色。茎秆纤维较多,易老化,叶色较深。春季萌芽较迟,可食用部分少,产量较低,但香味较浓。

此外,也有的根据叶型的不同而分为 3 种类型:大叶蒿又称柳叶蒿,即为柳叶形,叶片较大,形如柳叶;碎叶蒿又称鸡爪蒿,叶似鸡爪形,叶片较小,呈羽状分裂;嵌合型蒿,同一植株上有两种以上的叶型。在生产中常以嫩茎颜色来分类。

(2)主要品种介绍　藜蒿原属野生蔬菜，作为人工栽培后成为大众百姓饭桌上的蔬菜，仅仅是近十多年的事。因此，对其品种资源的收集研究还不够，品种不多。现根据湖北武汉、江苏南京等地栽培的主要品种介绍如下。

①云南藜蒿　目前为武汉栽培的主栽品种。成株株高 80 厘米左右，茎粗约 0.8 厘米。叶长 15 厘米，宽 10.8 厘米，裂片较宽且短。幼茎绿白色，纤维少。半匍匐生长，产量比较高，品质较好。

②大叶青　江苏南京栽培的品种。成株高大，株高 85 厘米以上，茎粗 0.74 厘米。叶长 17 厘米，宽 15 厘米。幼茎青色。羽状三裂片，裂片边缘锯齿不明显。茎多汁而脆嫩，产量较高，香味较淡。

③小叶白　江苏南京市栽培的品种。株高 74 厘米左右，茎粗约 0.54 厘米。叶长 14.2 厘米，宽 15 厘米，茎色绿白，叶背绿白色，有短茸毛。茎秆纤维较少，品质佳。

④李市藜蒿　湖北荆门李市镇栽培的品种。成株株高 35 厘米，茎粗 0.7 厘米。叶片绿色，羽状深裂，裂片长 15 厘米、宽 1.5 厘米，叶缘有长锯齿。嫩茎柔软，香气浓郁。

⑤鄱阳湖野蒿　江西鄱阳湖地区栽培的品种。成株高 87 厘米，茎粗 0.8 厘米。叶长 19.3 厘米，叶宽 15.2 厘米，裂片细长，边缘锯齿深而细。茎秆紫红色，纤维多，香味浓。

77. 藜蒿的良种繁育技术是什么?

藜蒿的留种田块，一般应在 4 月份最后一次采收之前拔去病株、杂株和弱株，采收后及时追肥，每 667 平方米追施复合肥 50 千克，并灌足水，待藜蒿长出返青后，按 5 厘米株距及时间苗，拔除田间杂草，防治好病虫害。7～8 月份即可进行大田扦插繁殖。如果采收种子，应选取优良植株栽植，当年不采收嫩茎，让其开花结籽。

10 月底至 11 月即摘下藜蒿老熟吐白花序，晒干搓出种子，扬净后贮藏。

78. 藜蒿生长发育需要什么环境条件？

藜蒿性喜温暖湿润的气候条件，要求较高的空气相对湿度(85%以上)，不耐干旱。在日平均温度为 10℃左右生长缓慢，而在 15℃以上的气温生长很快。藜蒿根系浅，要求土壤湿润且透气性良好，土壤湿度为 60%～80%最有利于根状茎生长和腋芽萌发，抽生地上嫩茎。在排水不良的土壤中，发根少且生长不良，长期渍水根系变褐色而死亡。对光照要求比较严格，光照不足影响生长，还易感染病害。对土壤要求不严，但以肥沃、疏松、排水良好的壤土为宜。对养分要求全面且需求量大，基肥应以氮肥为主，适当追施锌、铁、锰等微量元素，可使藜蒿风味更浓。

79. 如何确定藜蒿的栽培季节？

藜蒿于 5～7 月份均可以露地栽培繁殖，夏秋收获。8～9 月份分株繁殖，冬季和翌年春收获。南京、武汉市等地于 11 月上旬采用大棚套小棚或大棚和地膜覆盖栽培，12 月中旬就可以采收，翌年 2 月上旬进入采收盛期。

80. 怎样进行藜蒿的繁殖？

(1)扦插 插条多从植株地上剪取，一般于 7～8 月份，剪取生长健壮植株上的枝条，去掉上部幼嫩和下部老化(木质化)部分，剪成 10～15 厘米长的插条，上端保留 2～3 片叶，下端削成斜面。扦插时，按 10～15 厘米的距离在畦上开浅沟，深约 10 厘米，将插条沿沟的一边插放，株距 7～10 厘米，边排边培土，其深度达插条的 2/3 为宜。每 667 平方米约需插条(种苗)250～300 千克。扦插完毕浇 1 次透水，经 1～2 天再浇催根水，其后根据土壤情况适时浇水，保持土壤湿润。

(2)压条　于7～8月份，在畦面上按45厘米的行距，开深6～7厘米的浅沟，而后在藜蒿田中选取优良植株齐地面割下，抹去叶片，去掉顶端20厘米左右的嫩梢，留下茎秆，随即依次沿沟，头尾相连，平铺于沟中覆土浇水，保持土壤湿润。当年茎节在土中可生根，并有新芽出土，翌年2月下旬至3月上旬可大量萌发，3月中下旬陆续出土。

压条繁殖方法因茎秆上芽的发育程度有差异，萌发时间和生长不一致。

(3)根状茎繁殖　一年四季均可进行。将栽培田中的根状茎挖出，去掉老根状茎、老根，理顺新根状茎，即可做繁殖材料。以随挖随栽为好。在整好的畦面上，按20厘米的行距开深6厘米左右的浅沟，然后按10厘米左右的株距，将理顺的新根状茎置于沟内摆好、覆土、浇水，保持土壤湿润。根状茎的用量应依据其质量而定，一般每667平方米需根状茎150～200千克。根状茎繁殖与扦插最好同时进行，以在4～5月份繁殖为宜。

(4)分株繁殖　一般在4～5月份进行。在离地面5～6厘米处剪去地上茎，可留作插条用。然后将植株连根挖起，分割成若干带有一定数量根系的单株，按规定的行株距栽培。栽植后比扦插的容易成活。一般每667平方米需用量为350～400千克。

(5)种子繁殖　于10月上中旬采收成熟的藜蒿种子，于翌年2月下旬至3月上旬在塑料大、中棚内播种育苗。播种时，将种子拌干细土撒播或条播，播后及时覆土、浇水，3月中下旬即可出苗。出苗后及时间苗，缺苗时移栽补苗。露地播种育苗可于4月份进行。

81. 如何进行藜蒿的田间管理？

(1)追肥　藜蒿定植成活出苗后，当幼苗长到2～3厘米时用腐熟粪水提苗，粪水不能太浓，以免引起烧根。腐熟粪和水的比例为1∶8，每667平方米约需腐熟人粪200千克。当幼苗长至4～5厘米，距第一次提苗肥约15天左右，每667平方米施尿素10千克为促发根肥。在入冬前后，贴近地面割去地上部分后施重肥，浇足水，并覆盖地膜，保温保湿，促其加速生长。每采收一次，追施一次肥。追肥原则应掌握宜施淡肥多次，先轻后重，切忌浓肥靠近根部施，每次追肥后，要浇足水。

(2)灌溉 藜蒿喜温暖湿润，不耐干旱，要经常保持畦面湿润。一般灌水、施肥同时进行，每施1次肥灌1次透水。灌水宜多勿少，以沟灌渗透为好，水不要浇到畦面；或漫灌，以免土壤板结，影响出苗和生长。

(3)中耕除草 藜蒿扦插定植后，由于经常浇水，土壤易于板结，出苗后应中耕1～2次，以利于土壤疏松和通气。如有杂草，要及时拔掉，以免影响幼苗生长。

(4)间苗 当幼苗长至3厘米左右时，要适时间苗，每蔸保留小苗3～4株。如幼苗过多，易导致幼嫩茎秆纤细，不仅产量低，还影响育苗质量。

(5)覆盖物的管理 藜蒿生产的主要种苗是用扦插繁殖，此时正处于夏季高温时期，需要利用遮阳网遮荫覆盖。如果在塑料大中棚内扦插(定植)，则利用塑料大中棚骨架覆盖遮阳网即可。如果在露地做苗床，则需搭高0.8～1米的架，架上覆盖遮阳网，网四周要扎紧，防止风刮掉。晴天上午10时至下午4时盖，早晚或阴天揭掉。9月中旬以后可以不覆盖。

藜蒿的产品生产在冬季低温时期，需要保温覆盖以促进藜蒿的生长。冬季保温覆盖主要利用棚栽盖膜，可利用原有大中棚或新建大中棚骨架，于11月中下旬或12月上旬扣棚盖膜，棚的四周要压严压实。开好排水沟，避免棚内渍水。冬天棚内的温度，晴天白天为18℃～23℃，阴雨天比晴天略低5℃～7℃；中午气温高，棚内湿度大时,可在背风处打开棚的两头通风换气,以降低棚内湿度。在严冬季节,可用地膜直接浮面覆盖在植株上,或每667平方米用300千克草木灰撒于地表做护茎覆盖,以防止冰冻产生空心蒿,而降低产量,影响品质。春季以后,气温上升,要及时揭开棚的盖膜。

82. 怎样防治藜蒿白粉病?

【症　状】 该病主要危害叶片和茎,在叶片产生红色粉斑(分生孢子、分生孢子梗及菌丝体),扩大后可达整个叶片。茎表面也产生白色粉状斑。

【侵染途径】 该病由真菌白粉菌侵染所致。病菌随病残体在土壤中越冬,在时晴时雨、高温多露、多雾的天气,植株生长茂密的情况下,易发病,且发病严重。

【防治方法】 收获后,及时清除病残体,集中烧毁或深埋,以减少病源。在发病初期,用70%甲基硫菌灵可湿性粉剂1 000倍液,或20%三唑酮乳油1 500～2 000倍液,或10%世高水分散粒剂1 500倍液喷雾防治,每隔10天喷1次,连喷2～3次。

83. 怎样防治藜蒿菌核病?

【症　状】 一般从近地面的茎部开始,初呈褐色水渍状,迅速向上、向内扩展,而后造成软腐。潮湿时,在病部表面长出白色棉絮状菌丝及褐色的鼠粪状菌核,最后导致全株枯死。

【侵染途径】 该病由真菌核盘菌侵染所致,以菌核在土壤中越冬。植株生长衰弱或受低温影响,一般气温在20℃左右,空气相对湿度连续在90%以上的高湿状态下易发病。

【防治方法】 合理施肥,提高植株抗病力;发现病株,及时拔除,带出田外,集中处理;喷洒40%菌核净可湿性粉剂1 000倍液,或50%异菌脲悬浮剂800～1 000倍液,或40%施佳乐悬浮剂

800～1 500 倍液，每 7～10 天喷 1 次，连喷 2～3 次。

84. 怎样防治藜蒿病毒病？

【症　状】 常见有花叶坏死斑点和大型轮状斑点，致使整株发病，叶片黄绿相间，形成斑驳花叶或局部侵染性紫褐色坏死斑，或黄色小点组成的轮状斑点。

【侵染途径】 该病由病毒侵染所致，主要由蚜虫传播。春、秋两季均有发生，以秋季发生较重。一般天气干旱、蚜虫发生严重时，病毒病发生较重。

【防治方法】 防治蚜虫同菠菜的蚜虫防治。发现病株立即拔除；喷洒植物双效助壮素（病毒 K）、1.5％植病灵 800 倍液或 20％病毒 A 300 倍液。

85. 怎样防治小地老虎？

(1)诱杀防治 利用频振式杀虫灯或杀虫灯糖醋液诱杀成虫。用糖 6 份、醋 3 份、白酒 1 份、水 10 份、90％敌百虫 1 份混合调匀配制糖醋液，装入钵内，每 667 平方米分放 8～10 个点，可大量诱杀成虫。

(2)人工捕捉幼虫 清晨在地老虎咬断的幼苗附近寻找捕杀幼虫。

(3)药剂防治 可用 90％敌百虫晶体 1 000 倍液，于小地老虎 1～3 龄幼虫期喷洒。

86. 怎样防治红蜘蛛？

可用 5％噻螨酮乳油 2 000 倍液，或 5％氟虫脲乳油 2 000 倍液，或 1.8％爱福丁乳油 2 000 倍液喷洒。

87. 怎样防治玉米螟和菊天牛?

玉米螟的防治方法如下。

(1)生物防治　在玉米螟产卵始期至产卵末期,释放赤眼蜂3次,每667平方米释放1万～2万只;在玉米螟卵孵盛期,可用生绿Bt可湿性粉剂500倍液喷雾防治。

(2)药剂防治　可用75%拉维因可湿性粉剂3 000倍液,或5%来福灵乳油1 500倍液,或2.5%氯氟氰菊酯乳油1 000倍液喷雾防治。

菊天牛的防治方法如下。

(1)农业防治　菊天牛在留种成株期为害严重。藜蒿收获后,清理田中枯死植株,清除越冬期有虫根茎,压低越冬基数。不选用老根作繁殖材料。

(2)物理防治　在成虫产卵期嫩梢萎蔫或折断时,从折断处剪除卵或幼虫,集中带出田外烧毁。5～6月成虫出现后,利用其假死习性进行人工捕捉。

(3)生物防治　应用天牛肿腿蜂防治菊天牛,6月中下旬是放蜂适期,释放的蜂与寄主比为2∶1。

(4)化学防治　在菊天牛成虫发生期,可选用5%氟虫腈乳油2 000倍液,4.5%高效氯氰菊酯乳油1 000倍液,90%敌百虫晶体1 500倍液,48%毒死蜱乳油1 500倍液,80%敌敌畏乳油1 000倍液喷洒,每隔7天喷1次,连喷2次。

88. 怎样防治斜纹夜蛾?

①利用斜纹夜蛾的趋光性,用频振式杀虫灯诱杀成虫。②人工摘除卵块。③药剂防治。可用15%茚虫威悬浮剂4 000倍液,或10%虫螨腈乳油2 000倍液,或20%美满悬浮剂2 000倍液,于幼虫3龄以前点片发生阶段分散为害之前喷雾防治。

89. 怎样采收藜蒿?

在南方地区,藜蒿一般于12月至翌年1月采收地下茎供食,2～4月份则收割萌发嫩梢供食。冬天进行大、中棚或地膜覆盖、小拱棚覆盖栽培,可提早发芽,可提前采收上市。当藜蒿长到20厘米左右,顶端心叶尚未展开,茎秆尚脆嫩时,可贴近地表将地上部分切割采收。

90. 藜蒿质量检测(外观)有哪些要求?

藜蒿茎、叶应具该品种特征,茎秆新鲜、脆嫩,长不超过20厘米,无木质化,纤维少,无病虫危害,无折断,嫩茎顶保留少数心叶。

91. 藜蒿采后的处理技术是什么?

将采收的藜蒿除去老茎和叶,注意不要损伤嫩茎,用流动清洁水清洗泥沙。按质量检测要求,嫩茎上除保留极少数心叶外,其余叶片全部摘掉,然后整理分级,扎捆码放在阴凉处,用湿布盖好,经8～10小时短时软化后,整齐装入塑料箱式菜筐,随即运送至销售点,保持鲜嫩销售。

六、蕹 菜

92. 蕹菜的形态特征如何?

蕹菜又名空心菜、通菜、藤菜、竹叶菜、藤藤菜、无心菜、空筒菜、水蕹菜、蓊菜等,为旋花科甘薯属,以嫩叶为食用产品的1年生或多年生蔬菜。

蕹菜用种子繁殖的主根深入土层25厘米左右,用无性繁殖的花茎上所生不定根长达35厘米以上,再生能力强。茎蔓生,圆形而中空,绿色或浅绿色,也有呈紫红色的品种,侧枝萌发力很强。旱生类型茎节短,水生类型茎节较长,节上易生不定根,适宜扦插繁生。子叶对生,马蹄形。真叶互生,叶柄较长;叶片长卵圆形,基部心脏形,也有短披针形或长披针形,全缘;叶面光滑,浓绿或浅绿色。花腋生,完全花,苞片2片,萼片5片。花冠漏斗状,白色或浅紫色。子房2室,蒴果卵形,内含种子2～4粒。种子近圆形、皮厚、坚硬、黑褐色,千粒重32～37克。

93. 蕹菜有哪些类型和优良品种?

(1)类型 蕹菜按能否结籽分为子蕹和藤蕹两种类型。

①子蕹 为结籽类型。主要用种子繁殖,也可以扦插繁殖。生长势旺盛,茎较粗,叶体大,叶色浅绿。夏、秋开花结实,是主要的栽培类型,如广东、广西的大骨青、白壳,湖南、湖北的白花和紫花蕹菜,浙江的游龙空心菜等。

②藤蕹 为不结实类型,扦插繁殖。旱生或水生,如广东的细叶通菜和丝蕹两个品种,不能结实,茎叶细小,旱植为主,较耐寒,产量较低,品质优良。湖南藤蕹,茎秆粗壮,质地柔嫩,生产期长。

四川蕹菜，叶片较小，质地柔嫩，生长期长，产量高。

此外，蕹菜也有按叶型分为大叶和小叶两个类型：大叶蕹菜又叫小蕹菜或旱蕹菜，用种子繁殖；小叶蕹菜又叫大蕹菜或水蕹菜，多用茎蔓繁殖。还有按花色分为白花类和紫花类：白花类的叶片长卵圆形，基部心形，绿色，白花；紫花类的茎、叶片、叶柄、花均为淡紫色。

按种植方式即对水的适应性可分为旱蕹和水蕹。旱蕹适于旱地栽培，叶色较浓，质地致密，产量较低；水蕹适宜浅水或深水栽培，也有些品种可在旱地栽培，茎叶比较粗大，味浓，质地脆嫩，产量较高。

(2)品　种

①大骨青　广州市郊区栽培。茎蔓较细，节间短，分枝少。叶片卵形，基部心形，深绿色。叶柄长，青黄色。适宜水田栽培，早熟，播种后 60～70 天收获。抗逆性强，稍耐寒，耐涝，耐风雨，质软。

②白壳　广州市郊区栽培，也称薄壳。茎蔓粗长，浅绿色。叶柄长卵形，叶脉明显，叶柄较长，早熟，播种后 60～70 天收获，并可延续 150～170 天。纤维少。

③大鸡白　又称青叶白壳，广州市郊区种植。茎蔓粗大，青白色，节间较短。叶长卵形、心形、深绿色；叶柄长，青白色。质地柔软而薄，适应性强，可在旱地或浅水田栽培，早熟，播种后 60 天左右开始收获。

④四川水蕹菜　四川等地栽培。茎蔓细长，浅绿色。叶长卵形，基部心形，较小。叶柔嫩，中熟，生长期长。

⑤三江水蕹菜　江西南昌等地栽培。茎蔓长而大，浅绿色。叶箭形，较大，先端尖，深绿色。不结实，用茎蔓繁殖。耐密植，叶嫩脆。

⑥吉安蕹菜　江西吉安市、湖北武汉市等地栽培。植株半直

立,株高40～50厘米,开展度约25厘米。叶片大,心形,绿色,叶面平滑,全缘。叶柄长,浅绿色,茎圆形,中空。花白色,种子褐色、坚硬。茎叶柔嫩,纤维少。生长期较长,播种后60天左右收获,可连续收获60天。适应性、抗逆性均强,喜高温、潮湿,怕霜冻,供应期长。

⑦**青梗蕹菜** 湖南省湘潭、株洲市等地栽培。株高25～30厘米,开展度28厘米。茎浅绿色,蔓生。叶簇半直立,叶戟形,绿色,全缘,叶面光滑。叶柄长,浅绿色。花白色,种子褐色。茎叶柔软、细嫩,纤维少。早熟,播种后60～65天收获。耐热,耐涝,抗病力强,耐旱力中等,不耐寒。用种子繁殖。

⑧**博白小叶尖** 广西桂平、玉林、北流等市栽培。茎蔓较细长,青白色。叶箭形,较小,先端尖。叶脆嫩、光滑。耐热、耐肥,但不耐低温和干旱。喜光,喜温,喜湿。不结籽,用茎蔓繁殖,早熟。

⑨**泰国空心菜** 从泰国引进的品种,湖北武汉等地栽培。叶片竹叶形,呈青绿色。梗为绿色,嫩茎中空。耐热,耐涝,夏季高温高湿生长旺盛,不耐寒。质脆味浓,品质好。

此外,还有广州市郊栽培的品种半青白蕹菜、白梗蕹菜、大鸡菜、大鸡青、丝蕹和剑叶等;湖北、湖南栽培的白花蕹菜和紫花蕹菜;浙江温州市栽培的空心菜和龙游空心菜等。

94. 蕹菜的良种繁育技术是什么?

(1)子蕹留种 ①选留种田。应选贫瘠的高亢地为宜。田地太肥沃会推迟种子成熟,霜降后收不到种子。②选种株。选具有原品种特征特性的健壮、无病虫害的植株留种。③种株的移栽与管理。一般于5月下旬至6月初从秧田内选拔种株后连根移栽于留种田内。种子田翻耕后,做连沟2米宽的畦,每畦种2行,株距为0.6米,可双株种植。移栽成活后立支柱引蔓,以增加种子的采收量。上海地区多搭"人"字棚,"人"字棚两旁棚竹离地30厘米处各绕以腰绳，再用绳通过棚顶横竿扎住腰绳，以利于藤蔓均匀将主蔓和侧蔓枝牵引于棚架上。种株生长期间一般无须追肥，但要做好病虫害的防治工作。④种子采收。应根据种子成熟先后分批采收，采收后必须充分后熟再脱粒，及时晒干贮藏。每667平方米可收种子75千克左右。

(2)藤蕹留种　藤蕹留种各地方法不同。湖南省长沙市于10月下旬选晴天挖出根茎作为种蔸，略加晒干，贮于地窖中。贮藏时要垫稻草，再放上种蔸，上面覆盖稻草防寒越冬。四川的藤蕹留种先选向阳和排水良好的旱地，控制施用氮肥，以培育组织充实、老健的藤蔓，于8月份再选向阳、浅薄、贫瘠的石谷子坡地或砂壤土，将藤蔓横埋土中，仅留茎尖3～6厘米在外，以进一步使藤蔓老化；于11月上旬挖出晒晾2～3天，捆把贮藏于坛形的窖中，温度保持10℃～15℃，空气相对湿度为75%。如温度低于10℃常受寒害，高于25℃则会引起腐烂；湿度过高也易腐烂，过低则干枯，应注意调节温、湿度，贮藏至翌年春取出育苗。

95. 蕹菜生长发育需要什么环境条件？

蕹菜喜高温多湿的环境。种子在15℃左右开始发芽，种藤腋芽萌动需30℃以上。蔓叶生长适温为25℃～30℃，温度高蔓叶生长旺盛，采摘间隔时间短。蕹菜能耐35℃～40℃的高温，15℃以下蔓叶生长缓慢，10℃以下生长停止。蕹菜不耐霜冻，茎叶遇霜即枯死。种藤窖藏温度宜保持在10℃～15℃，并保持一定的湿度，不然种藤易冻死或干枯。

蕹菜要求较高的空气相对湿度和湿润的土壤，如果环境过于干燥，藤蔓纤维增多、粗老不堪食用，将大大降低产量及品质。

蕹菜的适应性强，对土壤要求不严格，黏土、壤土、沙土、水田、旱地均可栽培。但因其喜肥、喜水，仍以比较黏重、保水、保肥力强的土壤为好。蕹菜对肥料的吸收量以钾为较多，氮其次，磷最少，对钙的吸收量比磷和镁多，镁的吸收量最少。吸收量和吸收速度都随着生长而逐步增加。

氮、磷、钾的吸收比例因生长期而异，在生长20天前对氮(N)、磷(P_2O_5)、钾(K_2O)的吸收比例是3∶1∶5，在初收期(40天)为4∶1∶8。生长后期需要的氮、钾比例比前期增加。

蕹菜是短日照作物，短日照条件可促进开花结实，在北方长日照条件下不易开花，或开花不结实，所以采用无性繁殖。

96. 如何确定蕹菜的栽培季节?

蕹菜性喜温暖，耐热、耐湿，不耐寒。用种子繁殖的，一般于春暖开始播种，长江中下游各地春暖较迟，一般于4月开始播种。如果用保温苗床，可以提早到3月播种。露地栽培于4月初至8月底均可露地直播或育苗移栽，分期播种，分批采收。也可以一次播种，多次割收。四川省气候温暖，一般于3月下旬播种；广州冬季不冷，早熟品种以2～3月为播种适期，早熟品种采用薄膜覆盖，可在春节收获。

无性繁殖的，四川于2月在温床催芽，3月在露地育苗，4月下旬定植露地。湖南于4月下旬进行扦插繁殖。广西较暖和，可于3月下旬进行扦插繁殖，6～7月植株衰老时，再扦插一次。广州市用宿根长出的新侧芽于3月份定植于露地。

97. 蕹菜怎样播种和育苗?

用种子繁殖的有直播和播种育苗两种方式。早春播种蕹菜，由于气温较低，出芽缓慢，如遇低温多雨天气，容易烂种。可于播前先行浸种催芽，并用塑料薄膜覆盖育苗，这样不仅可解决烂种问题，还可提早上市。直播的每公顷播种量为150千克，于早春撒播；播种育苗并间拔上市的，播种量为300千克以上。早春用撒播法，由于蕹菜种子比较大，播后用钉耙松土覆盖，或用浓厚的腐熟粪肥覆盖，以利于出苗。当苗高 3 厘米左右，经常保持土壤湿润状态和充足的养分。当苗高约 20 厘米时，开始间拔上市或定植，每公顷秧苗可供 15～19.5 公顷定植之用，以后分期播种，由于间拔次数减少，可以减少播种量，有些地区也用点播或条播。

98. 蕹菜有哪几种栽培方式？怎样定植？

(1)旱地栽培 应选择肥沃、水源充足的壤土地块，用种子直播。或在育苗定植前，结合整地施足基肥，每公顷施腐熟有机肥 75 000 千克，翻耙平整后做畦，可在苗高 16～20 厘米时，按 16 厘米左右的株行距定植，或按行株距 16 厘米×14 厘米，每穴定植 3～4 株。定植缓苗后，需及时浇水追肥，经常保持土壤湿润。

(2)水田栽培 宜选择向阳、地势平坦、肥沃、水源方便、泥脚浅的保水田块，清除杂草，耕翻耙匀，保持活土层 20～25 厘米，每公顷施农家肥 45 000 千克，或豆饼 1 350 千克，或棉籽饼 2 700 千克，或菜籽饼 1 950 千克，灌水 3～5 厘米深，按行穴距 25 厘米定植，每穴定植 1～2 株。如果实行扦插，插穗长约 20 厘米，斜插入土 2～3 节，以利于生根。

(3)浮水栽培 即深水栽培。应选择有机质丰富、水位稳定、泥层厚、水质肥沃的池塘或浅水湖面，或水沟、河滨处，清除杂草，尤其要捞净浮萍、空心草等。其施肥与水田栽培相同。保持水深 30～100 厘米。用直径为 0.5 厘米尼龙绳作为固定材料，以塑料绳绑扎实，绑扎间距为 30 厘米，每处绑 1～2 株。尼龙绳两端要插桩固定，行距为 50 厘米。也可用竹竿扎成三角形，呈网状，按 25～30 厘米间距绑扎秧苗。塑料泡沫、稻草绳、棕绳等均可用作固定材料。如果水面不大，且流动性小时，可不固定，直接抛置等量秧苗于水面即可。定植期为 5 月上旬至 7 月底。

99. 如何进行蕹菜的田间管理?

(1)施肥　蕹菜是耐肥力强的蔬菜,分枝力强,生长迅速,不定根发生多,栽培密度大,采收次数多,要想获得丰产,必须满足其生长所需要的养分和水分。蕹菜施肥应以氮肥为主,薄施勤施。于定植成活并长出新叶后,追施20%~30%腐熟人粪尿或0.1%~0.2%尿素溶液。当幼苗具有3~4片真叶时,每667平方米用复合肥15~20千克和尿素3~4千克混合施用。进入收获期,每采收1~2次,随即浇水追肥一次,每667平方米用复合肥5~8千克或尿素10~25千克;气温高时,施肥浓度可低些;气温低时,浓度可提高些。夏季施肥应在早晚进行。追肥浓度先淡后浓,最大浓度为40%~50%。如采收后不及时追肥或脱肥,均会影响蕹菜产量和品质。

(2)水分管理　旱地栽培应经常保持土壤湿润状态。水田栽培,在定植以后温度尚低,应保持约3厘米深的浅水,以提高土温,加速生长。进入旺盛生长期,气温增高,生长迅速,藤叶茂密,蒸腾作用旺盛,水分消耗大,应维持约10厘米深水,以满足蕹菜对水分的要求,同时还可以降低过高的土温。浮水栽培,水体流动性应尽量小为好,及时拔除和捞除田间杂草。

(3)塑料大中棚蕹菜早春栽培管理　长江流域一般于2月上中旬用温床播种,每667平方米播种量30千克左右,播种后增温保湿,棚内保持30℃~35℃;出苗后,棚内经常保持湿润状态和充足的养分,白天适当通风,夜间要保温。播后30天左右,苗高13~20厘米时,即可间苗上市或定植。如果是多次性收获,应结合定苗间拔上市,则按12~15厘米株行距定苗,留下的苗即作多次采收上市。如果定植于大棚,也应作多次采收上市。其他栽培管理要求与蕹菜旱地栽培相同。

100. 怎样防治蕹菜白锈病?

【症　状】 该病主要危害叶片,叶柄和茎也被害。被害叶片正面发生淡黄绿色至黄色斑点,边缘不明显,其背面产生白色隆起的疱斑,疱斑表皮破裂后,散出白色粉末状物(孢子囊及孢囊梗)。危害严重时,叶片凹凸不平,变黄枯死。叶柄症状与叶片相似。茎部被害肿胀畸形。

【病原及发病规律】 该病由真菌蕹菜白锈菌侵染所致,属专性寄生菌,只危害蕹菜。病菌的卵孢子在病组织内,随病残体留在土中越冬,萌发时卵孢子外壁开裂,伸出一个薄膜泄囊,在泄囊里形成具有两根鞭毛的游动孢子;游动孢子在水膜中游动片刻后,鞭毛收缩,变成圆球中休止孢子。休止孢子萌发,产生芽管,借雨水溅到叶片上侵染危害,继而在病部产生孢子囊;孢子囊成熟后,从疱斑内散出,借气流传播,萌发时产生游动孢子或直接产生芽管,进行侵染。孢子囊萌发温度为20℃～35℃,最适温度为25℃～30℃,病害发生与温度关系密切。在寄主表面有水膜的情况下,病菌才能侵入。孢子囊在叶片幼嫩阶段才能侵染。

【防治方法】 与非旋花科蔬菜作物轮作2年;及时排除渍水,株行间要通风透光;用25%甲霜灵可湿性粉剂1000倍液,或64%噁霜·锰锌可湿性粉剂500倍液,或58%雷多米尔锰锌可湿性粉剂500倍液,或1∶1∶200波尔多液,或65%代森锰锌500倍液喷洒。每10天喷洒1次,共喷2～3次。

101. 怎样防治蕹菜褐斑病?

【症　状】 该病危害叶片。病斑圆形、椭圆形或不整圆形,直径4～8毫米,初为黄褐色,后变为黑褐色,边缘明显。病害严重时,病斑相互连接成片,病叶早枯。

【病原及发病规律】 该病由真菌帝汶尾孢侵染引起,除侵染蕹菜外，还侵染甘薯的叶片。病菌以菌丝体随病残体留在地上越冬，翌年春产生分生孢子，借气流传播侵染危害。

【防治方法】 用80%喷克可湿性粉剂600倍液，或78%波尔·锰锌可湿性粉剂500～800倍液，或75%百菌清可湿性粉剂1 000倍液，或50%多菌灵可湿性粉剂800倍液，每10天左右喷药1次，共喷2～3次。

102. 怎样防治蕹菜炭疽病?

【症　状】 该病危害叶片及茎。幼苗受害可导致死苗。茎上病斑近椭圆形，叶上病斑近圆形，暗褐色，叶斑微具轮纹，均生微细的小黑点(分生孢子盘)。发生严重时，叶片枯死，植株局部或全部死亡。

【病原及发病规律】 该病由真菌刺盘孢侵染所致。一般于春季发病较多。

【防治方法】 参见蕹菜褐斑病的防治。

103. 怎样防治蕹菜猝倒病?

【症　状】 该病以子叶期幼苗受害明显。幼苗茎基部呈现水渍样，渐变为黄褐色，后缢缩呈细线状，迅速倒伏，但地上部仍保持为绿色。土壤潮湿时，其表面可见絮状细丝。

【病原及发病规律】 该病属真菌性病害，是蕹菜苗期的主要病害。若幼苗过密，长势较弱，湿度过大，通风透光和光照不良时，易发病。

【防治方法】 进行土壤消毒，播种前后撒农药拌土护苗，每平方米用50%多菌灵可湿性粉剂或50%甲基托布津可湿性粉剂8～10克，拌半干细土，于播种前后各撒一层夹护种子。发病后拔除病株，并在发病区用多菌灵或托布津与草木灰混合拌匀后撒施，以防止病害蔓延。也可用杀菌剂喷雾，每10天喷1次，连续喷2

次。

104. 怎样防治蕹菜菟丝子?

【症 状】 该病危害地上部茎和叶柄,菟丝子以其纤细的藤茎缠绕蕹菜的茎或叶柄,吸取养料,致使蕹菜生长不良。

【病原及发病规律】 该病系寄生性种子植物菟丝子侵染危害。菟丝子主要以其种子混杂在蕹菜种子内,经过休眠期后在土中萌发,产生一根淡黄色丝状体,其顶端向四周旋转,如遇寄主植物,即紧密地与蕹菜茎部缠绕,在相互接触处生出吸盘,直接侵入蕹菜茎内吸取养料,受害处下部的茎逐渐死亡。

【防治方法】 播种前严格挑选不混有菟丝子的种子。生长期间,发现菟丝子时,应立即连同蕹菜一道拔除,防止菟丝子扩大蔓延。

105. 怎样防治沤根?

沤根为生理性病害,其病因主要是持续长时间低温高湿而导致烂种和幼苗受害。受害幼苗主根根端或全部腐烂,延迟发根,影响幼苗早发。其防治方法是适时播种,采用深沟高畦栽培,加强温、湿度调控。

106. 怎样防治红蜘蛛和潜叶蝇?

可用40%乐果1 000倍液或20%双甲脒乳油2 000～3 000倍液防治红蜘蛛。可喷洒40%乐果1 000倍液防治潜叶蝇。

107. 怎样防治小菜蛾、斜纹夜蛾和甜菜夜蛾?

可喷洒敌敌畏1 000倍液防治小菜蛾。可喷洒5%卡死克乳油1 500～2 000倍液防治斜纹夜蛾、甜菜夜蛾。

108. 怎样采收蕹菜?

直播的蕹菜,在苗高 20～25 厘米时即可间拔采收。多次收割的,当蔓长 30 厘米左右进行第一次采收。在采收 1～2 次时,留基部 2～3 节采摘,以促进萌发较多的嫩枝,以提高产量。采收 3～4 次后,应适当重采,仅留 1～2 节即可。若藤蔓过密和生长衰弱,还可疏去部分过密、过弱的枝条,以达到更新的目的。

直播的蕹菜每 667 平方米产量为 1 000～1 500 千克,多次采收的每 667 平方米产量达 5 000 千克以上。

109. 蕹菜的质量检测(外观)有哪些要求?

蕹菜茎叶色泽鲜艳,粗大肥嫩,无病虫害危害,无黄叶,未抽薹。

110. 蕹菜的采后处理技术是什么?

蕹菜采收后,按长短整理好,按质量检测要求扎成小把放清水中冲洗干净,而后装入塑料箱,运送销售点上市。盛夏采收应注意保鲜,防止被烈日直晒而影响品质。

七、苋　菜

111. 苋菜的形态特征如何?

苋菜又称苋,是苋菜科苋属中以嫩茎叶为食用产品的一年生蔬菜植物。苋菜根系发达,分布深广。茎粗大,高 80～150 厘米,分枝少。叶互生,椭圆形或披针形,有绿色、黄绿色、紫红色、杂色等。花单性或杂性,顶生或腋生,穗状花序,花小,花被片膜质 3 片。雄蕊 3 枚,雌蕊柱头 2～3 个。胞果短圆形、盖裂。种子圆形、紫黑色,有光泽。千粒重 0.7 克。种子成熟后易脱落。

112. 苋菜有哪些类型和品种?

苋菜依据叶形可分为圆叶种和尖叶种。圆叶种叶圆形或卵圆形,叶面常皱缩,生长较慢,较迟熟,产量较高,品质较好,抽薹开花较迟。尖叶种叶披针形或长卵形,先端尖,生长较快,较早熟,产量较低,品质较差,较易抽薹开花。依叶片颜色又分为绿苋、红苋和彩色苋。绿苋的叶片为绿色或黄绿色,耐热性强,质地较硬,其代表品种有广州市的高脚尖叶、柳叶、矮脚圆叶、犁头叶、大芙蓉,南京市的木耳苋、秋不老,杭州市的尖叶青、白沫苋,湖北的圆叶青、猪耳朵青苋菜以及四川、福建的青苋菜等。红苋的叶红色或紫红色,代表品种有广州市的红苋,杭州市的红圆叶,湖北的圆叶红苋菜、猪耳朵红苋,四川的大红袍等。彩色苋的叶缘绿色,在叶的中心或在叶的上半部或下半部有大小不同的红色或紫红色斑块,其代表品种有广州市的尖叶红、中间叶红、圆叶花红,上海、杭州市的一点珠,四川的蝴蝶苋、剪刀苋以及湖南的一点珠。

113. 苋菜的良种繁育技术是什么?

春、秋苋菜均可留种,可直播留种,也可移栽留种。

(1)春播留种　4月上旬播种后,5月中旬可剔除杂种上市,留下具有原品种特征特性、生长健壮、无病虫害的做种株,株距25厘米(移栽的株距约33厘米)。6月下旬抽薹,7月中旬开花,8月中旬种子成熟。每667平方米产种子100千克左右。

(2)秋播留种　7月中旬播种,10月种子成熟。每667平方米约产种子75千克。

种子成熟后要及时采收,割下种株放在场地上晒3～5天,然后脱粒、扬净,将种子放竹席上再晒2～3天,干燥后贮藏于干燥、清洁、通风的种子保管室。

114. 苋菜生长发育需要什么环境条件?

苋菜性喜温暖,较耐热,生长适温为23℃～27℃,20℃以下生长缓慢,10℃以下种子发芽困难。要求土壤湿润,不耐涝,对空气相对湿度要求不严。如土壤水分充足,则叶片柔嫩,品质较好。苋菜是一种高温短日照作物,在高温短日照条件下,极易抽薹开花,食用价值较低。但不同品种抽薹开花有早有晚,如广州高脚尖叶抽薹较早,而南京秋不老抽薹开花较晚。在气温适宜、日照较长的春季,苋菜抽薹迟,品质柔嫩,产量高。

115. 如何确定苋菜的栽培时期?

苋菜的生长期为30～60天,在全国各地无霜期内均可分期播种,陆续收获。在长江中下游地区一般播期为3月下旬至8月上旬。广州气温较高,2～8月均可陆续播种,早熟品种还可在1月份播种。四川的播种期为2月下旬至8月。近几年来,在长江流域利用塑料大、中棚进行茄果类、瓜类、豆类等蔬菜的早熟栽培可间套作苋菜，或用大、中棚栽培苋菜，成为早春棚栽蔬菜上市最早的品种之一，深受消费者欢迎，取得了良好的经济效益。

116. 怎样播种苋菜?

栽培苋菜宜选地势平坦、土壤肥沃疏松、排灌方便、杂草少的砂壤土或黏壤土地块，翻耕 15～20 厘米，每公顷施用腐熟有机肥 22 500～30 000 千克，加入过磷酸钙 225 千克，与表土混合均匀作基肥。将地整细耙平，畦宽 1.2～1.5 米，浇足底水，水渗后撒底土，准备播种。

早春播种，气温低，出苗差，播种量宜多些，每公顷用种量60～75 千克；晚春或晚秋播种的每公顷用种量 30～45 千克；夏季或早秋播种的因气温高，出苗好而快，每公顷用种量 15～30 千克。多采用撒播的方式，播种后需用小钉耙浅耙，或用脚踩实、压实后浇水。

117. 如何进行苋菜的田间管理?

早春播种 10 天左右出土，夏秋播种只需 3～5 天即出土。出苗后需及时追肥、浇水、间苗及除草。当幼苗有 2 片真叶时，进行第一次追肥，每 667 平方米施 10％腐熟人粪尿 1 000～1 500 千克，以后每 7～10 天施肥 1 次，每次每 667 平方米施复合肥 10～15 千克。每采收 1 次，施肥 1 次。每 667 平方米施复合肥5～10 千克。早春季栽培的苋菜一般不浇水，如天气较旱，可追施稀薄腐熟人粪尿。秋季栽培的苋菜，要注意保持土壤湿润，雨后及时排水，以利于苋菜生长。

118. 怎样防治苋菜白锈病?

白锈病危害苋菜叶片，叶正面发生黄色或淡黄色的斑点，扩大后病斑圆形，无明显边缘；在叶背部产生白色疱斑(孢子堆)，表皮破裂后，散出白色粉末状物（孢子囊）。该病由真菌苋白锈侵染所致，病菌为专性寄生菌，除侵染苋菜外，还寄生苋科多种植物。病菌以卵孢子在组织内留在土中越冬，卵孢子萌发时，产生游动孢子，通过雨水反溅传播侵染，继而在病部形成疱斑，成熟后散出孢子囊，随气流传播，萌发时产生游动孢子或直接产生蚜管，进行再侵染。其防治方法，发病严重的地块应进行 1～2 年轮作；喷洒 25%甲霜灵可湿性粉剂 800 倍液，或 64%噁霜·锰锌可湿性粉剂 500 倍液，或 58%雷多米尔锰锌可湿性粉剂 500 倍液，或 72%霜脲·锰锌可湿性粉剂 600～800 倍液，或多菌灵或百菌清 600～800 倍液。每隔 10 天左右喷 1 次，共 2～3 次。

119. 怎样防治苋菜花叶病?

花叶病危害苋菜后，叶片呈现浓淡绿色相间斑驳或花叶，浓绿部分隆起，淡绿色部分凹陷，叶面皱缩不平，主要表现在嫩叶上。病株萎缩。该病由黄瓜花叶病毒侵染引起。其防治方法：加强田间管理，防治蚜虫，增施肥水，喷洒台农高产宝叶面肥 1 000 倍液，以增强植株抗病力。

120. 怎样防治蚜虫和甜菜夜蛾?

对蚜虫，可用 40%乐果 1 000 倍液，或 50%抗蚜威可湿性粉剂 2 000 倍液，或 40%克蚜星乳油 800 倍液喷治。对甜菜夜蛾，可用抑太保或锐劲特 1 200 倍液喷洒。

121. 怎样采收苋菜?

在苋菜播种后 40～45 天，苗高 10～12 厘米，具有 5～6 片叶时，即可陆续间拔采收。早春或秋播每 667 平方米产 750 千克左右，夏播每 667 平方米产 1 000～1 500 千克。

122. 苋菜质量检测(外观)的要求和采后处理技术是什么?

苋菜应质地鲜嫩,无病虫危害,茎叶完整、清洁,无黄叶、破损叶。苋菜一般在当地鲜销。采收后,在室内进行整理,去掉杂草、泥土,摘除黄叶、残叶以及病虫危害的叶片,然后扎成0.5千克的齐头小把,随即用清水冲洗一下,小心放入塑料箱内,每箱约10千克,运送至销售处上市。产品应注意保鲜,要放在阴凉处,严防风吹日晒。

八、芫　荽

123. 芫荽的形态特征如何?

芫荽别名为香菜、胡荽、香荽,是伞形科芫荽属中以叶及嫩茎为菜肴调料的栽培种1～2年生蔬菜。芫荽一般株高20～60厘米,主根较粗壮、色白,根系分布较浅。芫荽茎短,呈圆柱状,中空,有纵向条纹。叶为根出叶、丛生,长5～40厘米,单叶互生,为1～3回羽状全裂,绿色或浅紫色,有特殊香味。复伞形花序,每一个小伞形花序有可孕花3～5朵,花白色,花瓣及雄蕊各5枚,子房下位,双悬果球形。果面有棱,内有种子2枚,千粒重2～3克。

124. 芫荽有哪些类型和品种?

芫荽有大叶芫荽和小叶芫荽。大叶芫荽植株较高,叶片大,缺刻少而浅,产量较高。小叶芫荽植株较矮,叶片小,缺刻深,香味浓,耐寒,适应性强,但产量稍低。

主要品种有青梗芫荽,为上海地区栽培品种,叶簇直立,植株高8～10厘米,开展度15厘米,叶为奇数羽状复叶。小叶3～4对,长、宽各为2厘米,绿色,叶缘牙齿状,叶柄浅绿色。生长期短,适应性强。春、夏、秋季均可播种。病虫害少,品质佳,质地柔嫩,香味浓,还可作盆菜装饰和香料用。紫花芫荽又称紫梗芫荽,为湖北宜昌市、安徽合肥市栽培品种,植物矮小,塌地生长;株高7厘米,开展度14厘米;二回羽状复叶,叶细小,叶肉薄,光滑;叶缘具小锯齿缺刻、浅紫色;叶柄细长,紫红色;花小,紫红色。香味浓,品质优良。早熟。耐寒、抗旱、抗病力强。病虫害少。泰国香菜近年引进我国,植株高25～30厘米,叶片绿色,叶柄浅绿。该品种耐热，生长速度快，香味浓，品质佳。种子较易发芽，高温季节栽培应适当遮荫。

125. 芫荽的良种繁育技术是什么？

芫荽一般在9月底至10月初播种于越冬栽培的田间里，选择生长健壮，植株直立，叶片多而肥大，叶色深，有光泽，符合原品种特征特性的无病虫害健壮植株作为留种株。在整个生育期间，要不断进行匀苗和去杂去劣，保持苗距在20厘米见方，以使其生长良好。另外，要增施磷、钾肥，以增强抗逆能力。在抽薹始期至整个花期，要注意防治立枯病、霜霉病。在抽薹始期可喷抗枯灵、敌克松等杀菌剂2～3次。盛花期、终花期各喷1次敌杀死或乐果等杀虫剂，以防治害虫。

芫荽采种期在6月上旬。当植株上部有30%～40%果实发黄成熟时，即可收获。此时已进入高温雨季，要注意抢收。用剪刀剪取果枝，摊于竹匾等处晾晒。芫荽种子在干燥时就会脱落。一般每667平方米种子产量在100千克左右。种子应迅速晒干，扬净，勿遭雨淋。种子以黄绿色最佳，黄色次之，黑褐色最差。经晒干、扬净的种子要及时贮藏。

126. 芫荽生长发育需要什么环境条件？

芫荽性喜冷凉，生长适温为15℃～18℃，超过20℃生长缓慢，30℃以上停止生长。芫荽耐寒性很强，能耐－12℃～－1℃低温。属长日照作物，12小时以上的长日照能促进发育。对土壤要求不甚严格，以保水性强、有机质含量高、疏松通气的壤土为宜。

127. 怎样播种芫荽？

芫荽在长江流域春、秋季均可播种，春播于3～4月份进行，秋播于8～11月份陆续播种。芫荽喜冷凉，具一定的耐寒力，但不耐热，而幼苗期对温度适应性比较强，在长江中下游地区，可安全越冬。春播早，容易抽薹，抽薹以后组织粗硬，不堪食用。在长江流域，5～7月份播种，必须采用防雨棚加遮阳网覆盖，在遮阳降温防雨的条件下，或在丝瓜棚、佛手瓜架棚下阴凉通风处栽培。芫荽的种子为植物学上的果实，播前应搓开，以利于出芽。芫荽种子出芽缓慢，幼苗期生长也缓慢，播后要保持土壤湿润、不板结，播前最好要浸种催芽。播前结合整地施足基肥，一般采用直播法，每公顷播种量为22.5千克左右。播后用钉耙轻轻翻一遍，盖没种子再浇水。

128. 如何进行芫荽的田间管理?

(1)肥水管理　播种齐苗后，根据苗情、土壤墒情，结合各时期的天气情况，做好肥水管理工作。同时要及时匀苗、耘草，整修畦沟。一般每次采收后，轻施追肥1次，以促苗恢复生长。

(2)病虫草害防治　春播时要防治小地老虎，可用90%敌百虫晶体1000倍液于小地老虎1～3龄幼虫期喷洒，蚜虫防治方法与苋菜相同。同时要注意防止雀害。

129. 怎样采收芫荽?

出土30天后，苗高20～25厘米，即可间拔采收。春播从5月上旬开始采收，直至7月上旬结束。秋播从10月上中旬开始采收，至翌年3月中旬结束。采收时要用小镰刀挑收，要挑得均匀，使剩下的苗要有均匀的营养空间，以利于植株个体和群体平衡协调生长，获取优质高产。春播每667平方米产量500千克左右，秋播每667平方米产量1000千克左右。

130. 芫荽质量检测(外观)有哪些要求? 采后处理技术是什么?

芫荽棵壮叶肥，鲜嫩有光泽，无黄叶，无病虫危害，无污泥，未抽薹，而且具有香味。

(1)本地鲜销 采收后扎成整齐小把，每把0.25～0.5千克，去病叶、黄叶，放入水池用清洁水冲洗一下，去除污泥等，装入塑料销售箱，运至销售单位或销售点上市。要保持鲜嫩色泽，以获得优质优价。

(2)保鲜贮藏 芫荽喜冷凉，具一定的耐寒力及耐贮性，因而可通过保鲜贮藏，延长供应的时间，是一种深受消费者欢迎的调味小品种蔬菜。

芫荽的保鲜贮藏方法是：拟贮藏的芫荽应选择香味浓、纤维少、叶柄粗壮、棵大的耐藏品种，收获前5～7天不能灌水，收获时用手铲或铁锹将芫荽连根挖出，稍加整理后，扎成小把，再进行贮藏。

采用薄膜小包装气调冷藏保鲜，是芫荽保鲜效果最好的方法之一。简易工艺是：稍带根须，适时采收，适当摊晾，轻抖根部泥土；择净老叶、黄叶、病叶、伤叶；适当修剪根须，捆把(0.5千克/把)；及时预冷(以温度达到0℃为宜)；装入保鲜袋(650毫米×650毫米×0.03毫米)的调气透湿袋，装量4.5～5千克，放入一定的乙烯吸收剂，扎袋口(扎袋时将直径2～3厘米粗的木棒插入袋口，扎紧后将木棒抽出)，裸袋架藏，控制库温在－1℃～0℃。

芫荽保鲜包装有捆扎式、袋式和箱式3种形式：一是捆扎式，用于短时保鲜包装。如从产地运到市场上的过程，配合冷藏车将芫荽捆成0.2～0.4千克的小捆，再用编织袋包装。只需要3天左右的保鲜期，可采用这种包装方式。二是袋式。袋装多用聚乙烯薄膜制袋并打孔，同时每袋装40～60捆芫荽，每捆0.2～0.4千克。三是箱式。箱装多为多层瓦楞纸箱。箱的尺寸为长×宽×高＝470毫米×365毫米×175毫米。一般横放，每箱50捆，每捆0.2～0.4千克。

在芫荽包装中，应注意防止芫荽受机械损伤，同时注意保湿与降温。因此,包装时一定要小心轻放,将黄叶和伤残部分挑选干净。在包装贮存环境中喷洒保水剂和充入一定的氮气,芫荽可减少变黄。

九、荠　菜

131. 荠菜的形态特征如何?

荠菜又称荠、护生草、地米菜等,是十字花科荠属中以嫩叶食用的栽培种 1～2 年生蔬菜。

荠菜的根为直根系,分布土层较浅。茎直立,茎生叶丛生,塌地。叶羽状分裂,不整齐,顶片特大,叶片有毛,叶柄有翼。开花时茎高 20～25 厘米,总状花序,顶生和腋生。花小、白色、两性、萼片 4 片。短角果,扁平呈倒三角形,内含多数种子,千粒重约 0.09 克。

132. 荠菜有哪些类型和品种?

荠菜的栽培品种,按其叶形分有板叶和散叶两种。板叶种又称大叶荠菜。叶片大而宽厚,耐热,生长快,产量较高,商品性好,但冬性弱,抽薹开花早,不宜春播。散叶种也称花叶荠菜,或小叶荠菜,叶片窄而厚,耐热、耐旱,冬性强,抽薹开花较板叶种晚,但生长慢,产量低,生产上栽培较少。

133. 荠菜的良种繁育技术是什么?

荠菜应选好留种田块。在上海市,一般于 10 月上旬播种的荠菜田块,要选择地势高燥、排水良好、肥力适中的沙质壤土,荠菜纯度高,生长整齐,健壮,无病虫害的田块作为留种田。其播种、灌溉、除草、追肥、治虫等均与晚秋季栽培基本相同。但在田间管理中必须始终要按留种田的要求进行精细管理,重点要做好以下工作。

(1)防治蚜虫　蚜虫必须勤防勤查，尤其在9月下旬蚜虫盛发期，要特别注意及时防治。

(2)做好去杂去劣工作　坚持留种植株要符合原品种的特征特性，要求纯度高、生长健壮，无病虫害，无别的品种混杂其间。同时要做到留株均匀，植株才能健壮生长，特别是2月中旬挑取荠菜时，要结合留种植株的标准来进行。如果留板叶型的荠菜种，应选留阔梗、叶大、叶厚、叶形如桨板、缺刻浅的植株，拔去其他非本品种的杂株，株行距保持在14厘米左右，并施1次腐熟的淡粪水，以利于植株良好生长。

(3)适时采种　4月底至5月初，当种株的花已谢、茎微黄时，从果荚上搓下种子，颜色已发黄，即为种子老熟的征象。当大田已达9成熟，便可收割。如过熟，果荚易裂开，种子损失量大；太嫩，种子未到生理成熟，则质量差，播种后往往出苗不齐，抗逆力差，产量低。采收应选晴天早晨进行，如在中午收割果荚易裂开。收割时期如遇连日阴雨，应及时抢收，用镰刀割下种株放在阴凉通风处，摊开晾干，待天晴好时摊开晒干，再进行脱粒。

(4)荠菜种子脱粒　上海市的经验是：一般种株收割后即摊放在原地，待田间露水晒干后，再放入竹匾中，用洗衣板搓下第一次收获的种子质量好，可作为一级种。隔数天后再进行第二次搓种，种子的质量略逊于第一次搓下的种子，但其种皮较薄，播种后出苗较快。每次搓下的种子，随即筛去杂质，并立即摊放在竹席上连续晒三天，不能将刚搓下的种子放在斗状的盛器内积压数小时后再摊薄暴晒，以免种子因发热而变色，影响种子质量，甚至不会出苗。晒种时，不可将竹席放在已被太阳晒热的水泥地上，以防止温度过高而损伤种子。中午阳光过强时，种子上可盖草帘；如遇下雨，雨前应及时将种子收放屋内摊放，切勿用薄膜覆盖种子，否则种子的水分和热气无法散发，将焖坏种子。

(5)荠菜种子的保管和贮藏　上海菜农的做法是：待种子充分

干燥后，立即贮藏于清洁干燥的甏内。贮藏前要先将甏晒一下，并揩抹干净。甏的底部可放入用牛皮纸或纱布包的生石灰小包，纸包上再垫放几张牛皮纸，纸上再放种子，直至盛满至甏口，最上面再放少许樟脑丸，然后用纸或薄膜封口。最后，甏口加盖密封，放置于高燥通风凉爽的贮藏室内。

134. 荠菜生长发育需要什么环境条件？

荠菜属耐寒性蔬菜，适应性强，种子发芽适温 20℃～25℃，生长适温为 12℃～20℃。荠菜生长过程中，需要经常供给充足的水分，最适宜的土壤湿度为 30％～35％，同时也需要较多的日照，以利于进行光合作用。

135. 荠菜如何安排播种时期和怎样播种？

荠菜可作春播，也可作秋播。在长江中下游地区，一般秋播从 7 月下旬至 10 月上旬播种。拟在元旦或春节上市的荠菜，一般在 9 月中旬播种。春播在 2 月下旬至 4 月下旬播种。

荠菜适应性强，对土壤要求不太严格，可用田埂、地角、沟边或与其他作物套种栽培。用成片土地种植，要结合翻地施足基肥，每 667 平方米施腐熟厩肥 2 000 千克或施复合肥 50 千克，碳铵 20 千克。施肥后，深翻土地整细耙平，做宽约 2 米的高畦(包沟)。

在自然条件下，荠菜种子成熟后有休眠期，秋季萌发。上海菜农的做法是：用泥土沉积法或在 2℃～7℃低温冰箱中催芽。泥土沉积法是将种子放在花钵内，上封河泥，放置于阴凉处，7 月下旬取出播种，经 1～5 天后可出苗。低温处理，除了用冰箱外，也可用细沙拌种，放于 2℃～10℃处，经 7～9 天后播种，4～5 天可出苗。每 667 平方米播种量 0.5～1 千克。夏秋播播种量 1～2.5 千克，晚秋播播种量 1.5 千克左右。

136. 如何进行荠菜的田间管理?

(1)肥水管理　早春播的荠菜,其产量的多少和收获的早晚,与水分管理是否及时和管理是否精细有关,这是因为荠菜根系浅,需要有足够的水分供应。因此,从播种后至整个生长期需要不间断地浇灌。出苗前,每天用喷壶喷水3～4次;出苗后,每天喷1次水。雷阵雨后,及时喷水,以降低地温,减少死苗。天气过干时,每天在清晨或傍晚浇1次水。雨季要注意排除田间积水,防止病害发生和蔓延。晚秋播种的荠菜,浇水只宜轻浇、勤浇和凉浇。浇水在早晚露水未干时进行,菜农称为"赶露水"。

春播荠菜生长期短,当出现2～3片真叶时,或出苗8～10天,进行第一次追肥,以氮肥为主。第二次隔15～20天后进行。如果土壤肥力差,再追肥1～2次。秋播荠菜,生长期长,需追肥4次。每次每667平方米施稀薄腐熟粪水1 500～2 000千克,施肥要掌握"勤、轻、稀"的原则。每收获1次,追肥1次,越冬前(11月下旬至12月上旬)和翌年2～3月份各增加1次追肥。

(2)防止寒冻管理　荠菜虽属耐寒性作物,但严冬气温在－5℃以下时,也会发生冻害。受冻叶片发紫发黄,最后脱落。防寒的措施是:①做好寒潮预报。寒潮来临前适量灌溉,因为水可以起到一定的保温作用,冰冻时要释放一部分热量,可降低寒害。②在冰冻过后,于晴天进行灌溉,以满足植株缺水需要,促使恢复生长。③冰冻前可用草包、旧薄膜、瓜豆类藤蔓进行田间覆盖,四周用泥块或砖块压紧,这样既可防寒,又可使植株良好生长。覆盖前3～4天可追1次肥料。一般覆盖后10～15天,荠菜叶色转嫩绿,向上伸长,可一次采收上市。如果分次采收上市,可搭建小拱棚,或用薄膜覆盖,可提高产量和质量。

137. 怎样防治荠菜霜霉病?

发病初期,叶面上呈浅绿色小斑点,后为黄色、浅褐色,背面生暗灰色的霉层。病株叶片僵化,严重时枯黄脱落。该病由十字花科霜霉菌侵染所致。平均气温16℃,空气相对湿度在80%~90%时,有利于病菌产生孢子囊和孢子囊的萌发和侵害荠菜。在高温多湿、排水不良时,该病易盛发和蔓延。其防治方法:合理轮作,适时播种,加强田间管理,做好开沟排水工作;喷洒65%代森锰锌可湿性粉剂500倍液或50%福美双可湿性粉剂500倍液。

138. 怎样防治荠菜病毒病?

病毒病在高温干旱环境下易发生和蔓延。病株叶片颜色浓、淡相间,呈花叶状,严重时叶片皱缩,生长停止。该病在早秋易发生。其防治方法:及时防治蚜虫;实行土地轮作;深沟高畦种植;加强田间管理。

139. 怎样防治蚜虫、小菜蛾和黄条跳甲?

防治蚜虫,可喷40%乐果乳剂1 000倍液。防治小菜蛾可喷90%敌百虫晶体1 000倍液。防治黄条跳甲,可喷50%敌敌畏乳剂1 000倍液。防治成虫,可在喷药前铲除田边杂草,然后在早晨露水未干之前,趁成虫尚不能起飞时,采取从四周同时向中央围剿喷农药的方法,可提高防治效果。防治幼虫,可用50%敌敌畏乳剂2 000倍液浇根。

140. 怎样采收荠菜?

荠菜植株矮小,塌地密生,采收时要用小尖刀均匀挑收,注意密处多挑,稀处少挑。如挑得过深,连根带泥;挑得过浅,造成散叶。因此,要精收细挑,以促使荠菜均衡生长,延长供应期而获得高产。春荠菜的采收期一般在3月下旬至6月下旬。早播前期气温低生长慢，需50天左右才能采收。晚期播种的由于温度上升，播后1个月便可采收。但由于早播的易抽薹，迟播的不利于植株良好生长，一般作一次性收获，每667平方米产量750～1 500千克。夏秋播栽培的荠菜采收期在7～9月份，播后30～40天，当植株有10～12片叶时便可陆续采收，可采收1～2次，每667平方米产量750～1 500千克。晚秋播栽培的荠菜采收期在10月上旬至翌年3月中旬，可采收3～4次，每667平方米产量3 000千克左右。

141. 荠菜质量检测(外观)的要求和采后处理技术是什么?

荠菜应鲜嫩、翠绿，叶大光洁，无病虫危害，无黄叶，无泥土；切根后，根长不超过0.5厘米，具商品菜叶片10～20张，无抽薹。

(1)本地鲜销　荠菜收获后，装入竹制或铁丝做的篓内，放在清洁水池中冲洗去泥土、污物等，拣出黄叶、病叶和杂草，以提高质量，然后按规格，分品种、数量分装入箱，及时运至销售单位或销售点上市。

(2)保鲜贮藏　荠菜一般不进行保鲜贮藏，只有在特别严寒的情况下，须抢收贮存于室内作短期贮藏，以调节市场供应。一般能在田间覆盖薄膜或草帘防止冻害时，应以田间原地覆盖贮藏为好。

十、落　葵

142. 落葵的形态特征如何?

落葵别名木耳菜、软浆叶、藤菜、胭脂菜、豆腐菜等。是落葵科落葵属中以嫩茎叶供食用的栽培种。为1年生缠绕性蔬菜。

落葵根系发达。茎肉质,右旋缠绕,分枝强。单叶互生,近圆形或长卵形,先端钝或微凹,肉质、光滑。穗状花序,腋生,两性花,白色或紫红色。果圆形,老熟后紫红色,含种子1粒,种皮紫黑色。千粒重25克左右。

143. 落葵有哪些类型和品种?

落葵分为青梗和红梗两种。青梗种叶绿色,茎绿白色,花白色;红梗种茎、叶紫红色,花紫红色。也有的按叶形分为圆叶、尖圆叶和尖叶3种。尖叶种叶小分枝多,易抽蔓,不宜作矮化栽培;圆叶种叶大,叶腋生长点适中,易于人为控制抽蔓,适于矮化栽培;尖圆叶种介于尖叶和圆叶两种特性之间。

144. 落葵的良种繁育技术是什么?

落葵一般以春播植株留种。选符合原品种特征特性、无病虫、健壮的植株为种株,进行搭棚栽培。株行距为50厘米×33厘米,平时要加强田间管理,深沟高畦,排灌方便,并勤于防治病虫害。至10～11月,种子依次成熟,当浆果转成紫黑色时,摘下果枝晒数天,而后将果实搓下放入盛器中用冷水浸泡,搓去果皮取出种子放竹席上暴晒数日,待充分干燥后收藏于密封、干燥的洁净盛器内,并贴上标签注明品种、数量和年份等,贮藏于种子保管室内。

145. 落葵生长发育需要什么环境条件?

落葵生长势强,喜温暖,耐高温。种子发芽适温为 20℃左右,生育适温为 25℃～30℃,在高温多雨季节生长良好,不耐寒,遇霜冻枯死。适宜肥沃、疏松的砂壤土上栽培,适宜的土壤 pH 为6～6.8。

146. 怎样播种落葵?

落葵自春季至初秋均可陆续播种,但以春播较为普遍。播后40 天左右可间拔幼苗采收,采摘嫩叶者可陆续采摘至深秋。近年来,长江流域各地还利用塑料大、中棚进行早春落葵的育苗和栽培,使落葵的上市期大大提前。落葵耐肥,前茬腾地后,及早翻耕,每 667 平方米可施入腐熟厩肥 1 500 千克,或腐熟人粪尿 2 000 千克,或复合肥料 100 千克作基肥。多雨地区采用深沟高畦,干旱地区采用平畦。落葵种壳厚而硬,春播时宜浸种催芽后播种,采用撒播或条播。每公顷用种量 90～112.5 千克。

147. 如何进行落葵田间管理?

(1)灌溉　前期见土壤发白后,立即浇水。中后期高温干旱,要勤浇水,保持土壤湿润,最好是早晚各浇 1 次。

(2)追肥　前期根据苗的长势,施 2～3 次提苗肥,每 667 平方米施腐熟 10%粪水 1000～1500 千克;中期勤施肥,盛收期每采收 2 次,浇 1 次腐熟清水粪,或每 667 平方米结合浇水每次施尿素 5～10 千克,并用 0.2%～0.3%磷酸二氢钾进行根外追肥,或用植宝素 8 000 倍液进行喷洒,每隔 7～10 天喷 1 次。

(3)设立支架、除草　当植株生长至 20 厘米以上,要及时搭架引蔓,平时要做好中耕、除草工作。

148. 怎样防治落葵蛇眼病？

落葵蛇眼病仅危害叶片，病斑近圆形或半圆形(叶缘)，边缘紫褐色，较宽，中部灰白色，病健部分界明显。病斑直径1～5毫米，后期易穿孔。本病由真菌尾孢菌侵染所致。病菌以菌丝体在病残体内越冬，翌年产生分生孢子，借气流传播、侵染危害。湿度是病害发生的环境条件，多雨年份发病重。此外，植株生长衰弱或肥料供应不足，亦易诱发本病。其防治方法：加强田间管理；增施肥料，喷洒台农高产宝叶面肥1000倍液，以提高植株抗病力；喷洒25%百菌清可湿性粉剂800倍液，或80%代森锰锌可湿性粉剂600倍液，或78%波尔·锰锌可湿性粉剂500～800倍液，每隔7～10天喷药1次，连喷2～3次。

149. 怎样防治落葵茎基腐病？

落葵茎基腐病危害茎基部，小苗、大苗均可被害。病斑红色、凹陷，病健分界处黄色，继而向四周扩展，后期皱缩变细，呈红褐色。被害小苗折倒，大苗病部组织腐烂，与地下根部分离，形成“无根苗”。该病由真菌立枯丝核菌侵染所致。病菌以菌丝体、菌核随病残体在土中越冬，腐生性强，亦可在土中腐生一段时间，主要借带菌肥料在田间传播蔓延，菌丝直接侵入危害。其防治方法：播种不宜过密，覆土不宜厚；种子出芽前，地面不宜过湿；喷洒80%代森锰锌可湿性粉剂600～800倍液，或50%多菌灵可湿性粉剂800倍液，或78%波尔·锰锌可湿性粉剂500倍液，每隔10天喷洒1次，共喷2～3次。

150. 怎样防治落葵圆斑病？

落葵圆斑病危害叶片。病斑圆形或半圆形(叶边缘)，大小不等，内部白色至灰白色，凹陷；边缘紫褐色或红褐色，较宽，状似鸟眼。在一个叶片上，病斑可多达10多个。该病由真菌细链格孢侵染所致。寄主范围广，主要以菌丝体及分生孢子随病残体在土中越冬。分生孢子借气流传播侵染危害。病菌丝寄生，一般老叶片受害较重。其防治方法：加强田间管理和肥水管理，以提高植株抗病力；喷洒80%代森锰锌可湿性粉剂500～600倍液，或78%波尔·锰锌可湿性粉剂600倍液，或75%百菌清可湿性粉剂600倍液，每隔10天喷洒1次，共喷2～3次。

151. 怎样防治落葵炭疽病?

落葵炭疽病主要危害叶片。病斑圆形、椭圆形至不定形，边缘褐色至紫褐色，略隆起，其四周有不大明显的浅褐色至黄褐色晕圈。病斑中部为黄白色，后变为灰白，稍下陷，有时可见不大明显的轮纹(靠近病斑周缘)。斑面组织易破裂，或脱落成穿孔。微小黑点(分生孢子盘)不明显。该病由真菌刺盘孢侵染引起，病菌主要以菌丝体随病残体留在地上越冬，翌年产生分生孢子，借雨水传播侵染危害。田间发病后，又产生分生孢子进行再侵染，气温为25℃～30℃，空气相对湿度为80%以上或阴雨天气易发病。其防治方法：施足底肥，增施磷、钾肥，促使植株健壮，提高抗病力；喷洒75%百菌清可湿性粉剂800倍液，或70%甲基硫菌灵可湿性粉剂800倍液，或77%可杀得可湿性粉剂1 200倍液，或78%波尔·锰锌可湿性粉剂500～800倍液，每隔10天喷药1次，共喷2～3次。

152. 怎样防治落葵花叶病?

落葵花叶病属系统性侵染病害，其主要症状表现在嫩叶上，叶片呈浓、淡绿色相间斑驳或花叶。深绿部分隆起，呈疱斑；淡绿部分凹陷，叶片不平。该病由黄瓜花叶病毒侵染引起，寄主范围广泛，能侵染许多蔬菜作物和杂草，并在多年生杂草根部越冬。生长期间通过汁液接触和蚜虫传染。高温干旱，蚜虫多，发病重。其防治方法:加强田间管理;防治蚜虫,喷洒台农高产宝叶面肥 1 000 倍液,以提高植株抗病力。

153. 怎样防治小地老虎和蛴螬?

对小地老虎,可采用诱杀法,即用新鲜菜叶浸入 90%敌百虫晶体 400 倍液中 10 分钟,捞出于傍晚撒田间诱杀。

蛴螬为地下害虫,主要为害幼苗。可在初冬深翻土地,减少越冬虫源。同时加强预测预报,及早发现蛴螬的活动并及时采取防治措施。化学防治可选用 50%辛硫磷乳油 1 000 倍液,或 80%敌百虫可溶性粉剂 1 000 倍液喷洒或灌根毒杀。

154. 怎样采收落葵?

采收嫩叶,前期每次采收间隔 15 天左右,中期间隔 10 天左右,后期间隔 7 天左右。采收嫩梢,每 7 天左右采收 1 次,嫩梢长度以 13～20 厘米为宜。以采嫩梢为主的,在株高 30 厘米以上时留 3～4 片叶,收嫩头梢,并选留 2～4 个强健侧枝或梢,其余去掉。收获 2～3 次后,再选留 2～4 个侧枝或梢,其余去掉,以利于叶和嫩梢肥壮,争取优质高产。以采嫩叶为主的,则选植株基部 2 个左右强壮侧芽或蔓,去除主蔓中上部所有侧枝和花蕾,以后按此顺序进行,并及时剪除老茎。适时合理采摘是提高产量、质量的重要关键。春播每 667 平方米产量 1 500～2 500 千克,秋播每 667 平方米产量 1 000 千克左右。

155. 落葵质量检测(外观)的要求和采后处理技术是什么?

落葵嫩叶、嫩梢肥厚,色泽翠绿,无病虫危害,无病点,无破损,无黄叶,无污泥。

在当地鲜销的落葵,采收后摘去黄叶、病虫叶、破损叶,放入篮

(筐)中，用清洁水轻轻洗净污泥后装塑料箱运至销售点，作保鲜出售。

十一、茼　蒿

156. 茼蒿的形态特征如何?

茼蒿又称蓬蒿、春菊、蒿子秆,为菊科菊属中以嫩茎叶为食用的栽培种,1～2 年生蔬菜。

茼蒿为浅根系,须根多。茎直立,营养生长期茎高 20～30 厘米。春季抽薹开花,茎高 60～90 厘米。根出叶,无叶柄,叶厚肉多。叶互生,二回羽状深裂。头状花序,花黄色。瘦果,褐色。种子千粒重 1.8～2 克。

157. 茼蒿有哪些类型和品种?

茼蒿依叶的大小可分为大叶茼蒿和小叶茼蒿两类。大叶茼蒿又称板叶茼蒿或圆叶茼蒿,叶片大而肥厚,缺刻少而浅,呈匙形,绿色,有蜡粉;茎短,节密而粗,淡绿色,质地柔嫩,纤维少,品质好;较耐热,但耐寒性稍差,生长慢,成熟略晚。大叶茼蒿的品种有上海圆叶茼蒿、大圆叶茼蒿等。小叶茼蒿又称花叶茼蒿、细叶茼蒿,株高 18～20 厘米,叶狭小,叶片长,椭圆形,缺刻多而深,绿色;叶肉较厚,叶呈匙形,香味浓,嫩枝细,生长快,品质较差;抗寒性强,但不太耐热,成熟稍早。细叶茼蒿的品种有上海细叶茼蒿、鸡脚茼蒿等。

158. 茼蒿的良种繁育技术是什么?

(1)原畦留种　即在商品田中选地势高燥、纯度高、生长整齐、无病虫害的田块作为种子田。结合逐次采收商品菜时,做好去杂去劣工作。一般于春播田块采收 2 次后,便可匀稀,使植株间距为 18 厘米左右。选符合原品种特征特性、健壮的优良植株留种。加强田间管理，如除草、防虫、畦沟疏通。种株抽薹开始时，要及时插竹竿、搭架防大风。6月上旬种子成熟后，根据成熟先后分次剪取花茎，放于盛器中晒干，脱粒，扬净，再晒2～3天达到干燥后贮于清洁干燥的甏或塑料桶内，密封后藏于种子贮藏室内。每667平方米产种子40千克左右。

(2)移栽于种子田内留种 即在商品田内精选出符合留种标准的种株，带土移栽于种子田内。须选周围无异品种的种植田块为种子田。株行距为35～40厘米见方。留种田管理措施与原畦留种相同。此法所收的种子质量要比片选原畦留种的为好。为提高种子质量，可在精选种株移栽时，将少量最优良种株移栽于种子田中央，做好标记，待后另收分藏。今后作为种子田用种，这样可以进一步提高品种的纯度和质量。

159. 茼蒿生长发育需要什么环境条件？

茼蒿喜冷凉，不耐高温。在10℃～30℃气温下均能生长，以17℃～20℃最为适宜，12℃以下生长缓慢，29℃以上生长不良。种子10℃即能发芽，以15℃～20℃最为适宜。对土壤要求不严格，但以湿润的砂壤土、土壤pH 5.5～6.8为最好。

160. 怎样播种茼蒿？

春、秋两季均可播种，但以秋播的生长期较长、产量高。长江流域秋播从8月下旬至10月上旬分期播种。以9月下旬为适宜播种期，当年收获；10月下旬播种的于翌年初春收获。春播的从2月下旬至4月上旬播种，过早播种容易抽薹。华南地区秋、冬比较暖和，秋播的从9月至翌年1月播种，以11月为适宜播种期。生产上采用直播法，前茬出地后，随即翻耕晒白，并根据土壤原有肥力程度，每667平方米可施入腐熟厩肥1 500千克，或腐熟人粪尿2 000千克，或复合肥料50千克作基肥。做深沟高畦，畦宽连沟2

米，撒播的每公顷用种量45千克左右。广州也有育苗移栽的。有些地区秋播还利用茼蒿与芥菜、白菜套作，或与萝卜混播，或在春季与茄果类、瓜类套作。

161. 怎样进行茼蒿田间管理？

(1)要做好肥水管理工作　因茼蒿生长期较短，须随时根据天气、苗情，及时供应肥水，才能促进健壮生长。追肥可用稀释后的腐熟人、畜粪尿或0.3%尿素液。前后共需追肥3～4次。土壤过干时，要及时浇水。高温季节应在早晨或傍晚浇水。早秋采用浸种催芽播的，在播后须即浇水，湿籽湿种经4～5天便可出苗。茼蒿的肥水管理，应根据当时天气、苗情、土壤墒情等轻浇勤浇。

(2)及时间苗和拔除杂草　一般播种后6～7天出齐苗，待幼苗长出1～2片心叶时间苗，拉开夹棵植株，行株距约4厘米见方。并及时拔除杂草。

(3)病虫害防治　茼蒿生长健壮，一般病虫害较少。早春播种的必须控水以防止猝倒病发生。天气干旱时，注意及时防治蚜虫。

162. 怎样采收茼蒿？

茼蒿一般播种出土后35天左右，苗高14～16厘米时，即可间拔收获，也可间拔采收1～2次后，留1～2节采收嫩头。采收后及时追施腐熟稀薄粪水，促使侧枝再生，陆续采收到开花前为止。

秋播的采收次数多，每667平方米可产1 500～2 000千克。春播的可产1 000～1 500千克。

163. 茼蒿质量检测(外观)的要求和采后处理技术是什么？

茼蒿鲜嫩、清洁，茎壮叶肥，无黄叶，无病虫危害，无抽薹。

一般作本地鲜销的，采收后拣出黄叶、病虫叶，放入篮里用清洁水冲洗干净，即可装入塑料箱运到销售点上市。

十二、冬 寒 菜

164. 冬寒菜的形态特征如何?

冬寒菜又称冬葵、葵菜、滑肠菜,为锦葵科锦葵属中以嫩茎叶供食用的栽培种,系2年生蔬菜。

冬寒菜根系较发达,茎直立,采摘后分枝多。叶互生、圆形、柄长,茎叶被白色茸毛。花簇生于叶腋,淡红色或白色。蒴果扁圆形,种子细小,千粒重约8克。

165. 冬寒菜有哪些类型和品种?

冬寒菜依叶片的特征分为不同的品种。长沙市有圆叶冬寒菜和红叶冬寒菜两种。圆叶冬寒菜叶片大而肥厚,品质好,生长缓慢;红叶冬寒菜叶脉和叶片中心是紫红色,生长快,耐寒力较强。重庆有小棋盘和大棋盘等品种,小棋盘叶长11厘米,宽17厘米,绿色,早熟,品质好,产量较低;大棋盘叶长26厘米,宽35厘米,主脉紫褐色,较晚熟,生长期长,品质差,产量较高。

166. 冬寒菜的良种繁育技术是什么?

在秋播田块中,选择符合原品种特征特性的健壮植株为种株,加强田间各项管理,促进健壮生长,在翌年2月以后停止收割,减少养料消耗,以利于开花结籽。4月开花,5月收种子并晒干,扬净贮藏。每株种子产量100～150克,每667平方米可收50千克。

167. 冬寒菜生长发育需要什么环境条件?

冬寒菜性喜冷凉湿润气候,不耐高温和严寒,霜期凋枯。生长适温为15℃～20℃。对土壤要求不严格，但以排水良好、保肥保水力强、疏松、肥沃的壤土为宜。不能连作，需间隔3年。夏季播种易自行死亡，故夏季不宜栽培。

168. 怎样播种冬寒菜？

冬寒菜秋播的收获期长，高产优质，故以秋播为主。也有作春播的。在长江流域，秋播于8～11月份播种，早播的可在秋淡季采收，但以9月份为播种适期。在长沙市如播种过迟，易遭受冻害。广州冬季暖和，11月份也适宜播种。春播的于3月份播种，如播种过迟遇高温，生长差。

栽培冬寒菜一般采用直播法，前茬收获后，随即翻耕，并每667平方米施入腐熟人粪尿2 000千克，或复合肥料50千克作基肥。整平地做深沟高畦，畦宽连沟2米，在调整好土壤墒情后播种。撒播的每667平方米用种量1千克左右，也有行穴播的。播后如遇高温，畦面可覆盖遮阳网以降温保墒，待齐苗后揭除遮阳网见光炼苗。

169. 怎样进行冬寒菜田间管理？

(1)肥水管理 真叶达3～4片时，及时间苗、耘草。留2～3苗为一丛，穴距约20厘米。同时追施腐熟淡粪水1次，以后每隔半个月和每次收获以后追施腐熟淡粪水1次，促苗健壮生长。田间要勤查，及时防治蚜虫，随时做好清理畦沟等工作。

(2)病虫害防治 冬寒菜生长健壮，病虫害较少，在生长期间，要注意防治小地老虎、斜纹夜盗蛾和蚜虫。

170. 怎样采收冬寒菜？

一般播种后40天左右，全株间拔收获。也可留2～3个侧芽，分批采摘嫩梢。秋播每667平方米产量2 000千克左右，春播每

667 平方米产量 1 000～1 500 千克。

171. 冬寒菜质量检测(外观)的要求和采后处理技术是什么?

冬寒菜菜叶鲜嫩,有光泽,无黄叶,无老化,无污染,无病虫危害。

冬寒菜收割后,拣出黄叶、老化叶、病虫叶,扎成小把放入盛器中在清洁水池中冲洗后,便可装入销售箱(每箱装 10 千克),运至销售处上市。

十三、叶用莙菜

172. 叶用莙菜的形态特征如何？

叶用莙菜又名莙荙菜、牛皮菜、厚皮菜，是藜科甜菜属中以嫩叶供食用的栽培种，为2年生蔬菜。

叶用莙菜根系发达，吸收力强。茎短缩，叶片卵圆形或长卵圆形，叶面皱缩或平坦，叶色淡绿至深绿色。也有紫红色品种，叶柄为绿色、白色或紫红色。花着生于叶腋，花被缩存。果实具有革质果皮，聚合成球果，包含种子数粒。种子千粒重100～160克。

173. 叶用莙菜有哪些类型和品种？

叶用莙菜依据叶柄、叶片的不同特征可分为白梗、青梗和红莙菜3种类型。白梗种又称宽柄种，叶柄宽而厚，白色；叶面波状皱褶，叶柔软多汁。主要品种有白梗莙荙菜，浙江的皱叶莙菜和披叶莙菜，广州市的白梗黄叶和白梗，重庆市的白梗二平桩等。青梗种也称普通种，叶片大、卵形、淡绿色或绿色；叶缘无缺刻，叶肉厚，叶面光滑，略有皱褶；叶柄较窄，有长有短。主要品种有广州市的长梗莙荙菜、青梗、青梗尖叶及青梗歪尾等，浙江绍兴市的绿莙菜，重庆市的四季牛皮菜，长沙市的迟莙菜，成都市的洋菠菜等。红莙菜，叶为深红色，如四川的红牛皮菜，但栽培较少。

174. 叶用莙菜生长发育需要哪些环境条件？

叶用莙菜性喜冷凉气候，但适应性较强。种子发芽最低温度为9℃，发芽适温为22℃～25℃，最高温度为28℃，适宜生长温度为25℃。幼苗在长江中下游地区可以露地越冬，有时地上部分虽受冻,但翌年仍能萌发新叶。能耐高温。有些品种四季均可栽培。低温、长日照有促进花芽分化的作用。叶用莙菜耐涝亦耐旱,但需肥量较大。对土壤要求不严格,比较耐肥耐碱。一般的瘠薄地、盐碱地、新垦地等均可种植,但土壤 pH 为 5 以下或 pH 为 8 以上时则生长差。

175. 叶用莙菜的良种怎样繁育?

在晚秋播种的叶用莙菜植株中选择符合原品种特征特性的无病虫害的健壮植株作为种株。在原田内加强田间管理或移栽于留种田内,株行距为 30 厘米。增施磷、钾肥以增强抗逆力。5 月上中旬抽薹,插竹竿用绳绑牢,防止大风吹断茎枝。7 月份种子成熟,采收后及时晒干,扬净后贮藏。每 667 平方米种子产量75～100 千克。

176. 怎样播种叶用莙菜?

叶用莙菜可分为春、秋两季栽培,以秋季栽培为主。在长江流域,从 8 月上旬至 10 月份均可播种,早播的当年可以采收,晚播的以春季采收为主。春播的于 3 月下旬至 4 月上旬播种,以采收幼苗为主。此外,夏季也可以播种,如成都的洋菠菜于 6 月播种,8 月采收;广州较暖和,秋播时间稍迟,从 9 月至翌年 2 月均可播种。一般品种的播种适期为 10～11 月,采收期为 11 月至翌年 5 月。

叶用莙菜以幼苗供应食用的,一般采用直播,分期剥叶采收,则育苗移栽。前茬出地后,及时翻耕晒白,并每 667 平方米施入腐熟人、畜粪肥 1 500 千克,或复合肥料 50 千克作基肥。整平地做深沟高畦,畦宽连沟 2 米,在土地墒情合适时,便可播种或定植。

叶用莙菜以聚合果为播种材料,因其果皮厚,故吸水慢。播种前应将聚合果搓散,并浸种 1～2 天,使种子充分吸收水分以利于出苗。撒播的每 667 平方米播种量为 3～5 千克,育苗的每 667 平方米秧田为 4 千克左右。播后再浅耙、踩踏一遍，使种子与泥土贴紧实，以利于萌芽。育苗移栽的 9 月份播种，10 月下旬至 11 月上旬定植，株行距 30 厘米见方。直播的一般采用撒播，也可用条播，条播的行距 25～30 厘米，间苗后的株距为 20～25 厘米。

177. 叶用菾菜怎样进行田间管理?

叶用菾菜一般在间苗、定苗或定植后应随即浇水 1 次，以促使秧苗成活和恢复生长。成活后则根据苗情、天气情况，要及时供应肥水，促使植株健壮生长。菾菜抗逆性强，根系发达，吸收力强，良好的肥水条件可获得优质高产。一般每次剥叶后，增施 1 次腐熟淡粪水，同时做好清沟排渍、中耕及拔除杂草等工作。

178. 怎样防治菾菜褐斑病?

菾菜褐斑病主要危害叶片，也危害叶柄。在叶片上初生水渍状褐色斑点，扩大后为圆形、近圆形或椭圆形病斑，中央部分灰白色，边缘紫褐色、红色或紫色，直径 0.5～0.6 毫米。在潮湿的环境条件下，斑面上长出稀疏的灰白色霉状物（分生孢子及分生孢子梗）。该病由真菌菾菜尾孢侵染引起，病菌除危害菾菜外，甜菜、菠菜、根菾菜等也被侵染。主要以菌丝块及分生孢子在病残体和种子上越冬，当翌年春季气候条件适宜时，在菌丝块上产生分生孢子，借气流、雨水传播，从寄主的叶片气孔部位侵入危害，潜育期为 9～10 天，继而在病部上产生分生孢子，在菜株生长期间通过气流、雨水传播，进行再次侵染。旬平均气温在 19℃～25℃之间，平均最低温度在 13℃以上，每旬至少降雨 1～2 天，每次降雨量为 10～20 毫米的环境条件下，病害发生严重。该菌生长发育最适合的温度为 27℃～30℃，37℃以上或 5℃以下停止发育，致死温度为 45℃，10 分钟。分生孢子萌发最适合的温度为 26℃～31℃，最适合的空气相对湿度为 98%～100%（呈水滴状态）。在低温下，即使温度为－20℃～－30℃，大部分孢子仍然不丧失其萌发能力，但在高温、高湿条件下，不利于分生孢子的存活，致使其迅速失去生活力。

恭菜褐斑病的防治方法如下：选用无病种子播种；实行2年以上轮作；用78％波尔·锰锌可湿性粉剂500～600倍液，或80％代森锰锌可湿性粉剂500倍液，或80％大生M-45可湿性粉剂500倍液，或60％代森锌可湿性粉剂600～800倍液，或50％多菌灵可湿性粉剂600～800倍液喷洒，每隔10天喷1次，共喷2～3次。

179. 怎样防治恭菜软腐病？

该病多先从植株外部叶柄基部开始发生，呈水渍状褐色腐烂，病健界限不明显，沿叶柄向上及其四周蔓延，最后整个叶柄腐烂，产生恶臭。该病由细菌胡萝卜欧氏软腐杆菌侵染所致，寄主范围甚广，能侵染多种蔬菜。病菌主要在病残体内越冬，通过雨水从伤口侵入。病菌最适生长温度为27℃～36℃，在4℃～36℃之间均能生长；对氧气要求不严格，在缺氧状态下也能生长。田间管理粗放，施用未腐熟的有机肥，雨后渍水，均易引起软腐病。

恭菜褐斑病的防治方法如下：加强田间管理；在低洼地要作深沟高畦种植；施用的有机肥要充分腐熟，追肥实行沟施、盖土；防止伤根。

180. 怎样防治恭菜炭疽病？

恭菜炭疽病危害叶片和叶柄。叶片病斑淡褐色，圆形或不规则形，边缘明显，扩大后内部色淡，黄白色，易破裂。叶柄病斑菱形，褐色，边缘明显，色泽较深，病健区别明显，斑面密生黑色小点（分生孢子盘）。该病由真菌刺盘孢侵染引起，病菌主要以菌丝体随病残体在地上越冬，翌年产生分生孢子，借风雨传播，进行侵染，继而在病部产生分生孢子进行再侵染。如种植过密，株行间不通风、不透光，易发病。如肥料缺乏，植株亦易受危害。

菾菜褐斑病的防治方法：加强田间管理，施足基肥，及时摘叶，改善田间环境条件。在菾菜生长期间，喷洒台农高产宝叶面肥1 000 倍液。

181. 怎样防治菾菜黑斑病？

该病主要危害菾菜叶片，病斑圆形、近圆形，褐色，边缘色深，病健间区别明显；病斑扩大后，边缘常有1～2个轮纹，内部色淡，斑面上生褐色霉状物（分生孢子及分生孢子梗）。发病后期，病斑扩大和相互结合成不规则形大斑，局部叶片枯死。病斑由真菌芸薹链格孢侵染引起，寄主范围广，还侵染十字花科蔬菜作物。病菌主要以菌丝体和分生孢子在病残体上越冬，翌年春天产生分生孢子，借气流传播侵染，继而在病部产生分生孢子，进行再侵染。高温潮湿有利于该病发生。

黑斑病的防治方法：加强菜地管理，防止株行间叶片密集造成不通风、不透光；药剂防治同菾菜褐斑病的防治。

182. 怎样防治菾菜花叶病？

菾菜花叶病的症状是幼苗嫩叶皱缩，生长发育不正常。成株感病，嫩叶叶脉带绿，脉间叶肉部分变黄或黄绿斑驳，叶型细小，病株矮小。该病由病毒侵染引起，分为黄瓜花叶病毒（CMV）和甜菜花叶病毒（BMV）两种。前者主要危害葫芦科、茄科、十字花科、藜科以及杂草等40多种植物；后者主要危害藜科、茄科和豆科植物。均能以汁液接触传染，以蚜虫作非持久性传毒。如高温干旱，蚜虫发生多，病害发生普遍和严重。

花叶病防治方法：防治蚜虫；喷洒台农高产宝叶面肥1 000 倍液，以提高植株抗病力。

183. 怎样防治蚜虫、甘蓝夜盗蛾和潜叶蝇?

对蚜虫,可用40%乐果乳剂1 000倍液防治。对甘蓝夜盗蛾,可用40%菊杀乳油2 000～3 000倍液喷雾防治。对潜叶蝇,可用90%敌百虫晶体1 000倍液+40%乐果1 000倍液喷雾防治。

184. 怎样采收叶用莙菜?

以幼苗供食的,播种后30～40天采收。以成株剥叶供食的,定植后40～60天开始采收,每次剥叶3～4片,保留3～4片大叶,宜勤收轻采。一般分期剥叶采收的比采收幼苗的产量高。夏播采收幼苗的,每667平方米产量1 500～2 000千克;剥叶采收的,每667平方米产量5 000千克以上。

185. 叶用莙菜质量检测(外观)的要求和采后处理技术是什么?

叶用莙菜植株鲜嫩,叶肉厚,有光泽,无病虫危害,无黄叶。

叶用莙菜:剥叶采收后要认真整理,挑出老黄叶、病虫叶,然后扎成小把,放清洁水池中冲洗后,装入销售箱上市。

十四、金花菜(菜苜蓿)

186. 金花菜的形态特征如何?

金花菜的别名为黄花苜蓿、南苜蓿、刺苜蓿和草头等,为豆科1～2年生草本蔬菜植物。

金花菜茎基部斜生,上部直立,高30～80厘米。叶为三出复叶,小叶宽倒卵形,先端钝圆或稍凹,宽1厘米左右,叶缘的上部为锯齿状,叶面绿色,叶背面稍带白色。托叶细裂,叶柄细长,约1～3厘米,浅绿色。总状花序长7～8毫米,腋生。每花序着生黄色小花2～6朵,蝶形花冠。花谢后结成螺旋状的荚果,有钩状刺,含种子3～5粒,肾形,黄褐色。种子千粒重2.8克。

187. 金花菜有哪些类型和品种?

常熟种为江苏地方品种,植株匍匐生长,高8～12厘米,开展度10～12厘米。分枝性强,小叶倒三角形,顶端略凹入。叶长、宽为1厘米,色绿,叶柄细长,浅绿色。此外,还有浙江省东台种、上海市崇明种等,但这些品种与常熟种无明显差异。

188. 金花菜的良种繁育技术是什么?

选地势高燥处作为留种田,于晚秋播种,每667平方米用种量约7千克。留种田不能收割,否则种子不充实。留种田的田间管理工作大体同商品田,但要求更为精细。种子采收期为翌年6月中旬。每667平方米种子产量约80～100千克。

189. 金花菜生长发育需要什么环境条件?

金花菜生长适温为12℃～17℃,耐寒性较强。在－5℃的低温下,地上部枯黄;气温回升后,萌芽生长。对土壤的适应性较强,在砂壤土、壤土中均能生长良好,适合在中性、微碱性、微酸性土壤中生长。

190. 怎样播种金花菜?

金花菜春、秋两季均可栽培,但以秋季栽培为主。秋季栽培,从7月中下旬至9月下旬均可分期播种,8月中旬至翌年3月下旬陆续采收。春季栽培从2月下旬至6月下旬陆续播种,4月上旬至7月下旬采收。

金花菜宜选择砂壤土或壤土田块种植。前茬收获后,应早翻耕晒白,通常耕深18～20厘米,每667平方米施入腐熟粪肥1 000千克,或厩肥1 500千克,或复合肥料50千克作基肥,整平地做成高畦,以利于灌水和排水,畦面宽连沟2米,然后将畦面整细耙平即可播种。

播种前应进行选种及浸种,将种子放入55℃～60℃温水中浸5分钟,捞去浮籽,将种子摊开晾干,用于晚秋和早春播种。早秋和晚春播种时,种子也要进行浸种催芽,以提高出苗率,其方法是:将温水浸选过的种子放入麻袋内,于夜间放在井水或河水中浸10小时,然后取出摊放阴凉处2～3天,每隔3～4小时用喷壶浇凉水1次,待种子露白即可播种。金花菜通常采用撒播,播后用钉耙将畦面耙平,然后踩踏畦面,使种子与泥土贴紧实,以利于种子吸水萌芽。畦面上可浇一层河泥浆,也可覆盖稻草或玉米秸保墒,以利于出苗。

晚秋和早春播种,每667平方米需种子约15千克;晚春和早秋播种时,气温高,土地干旱,出苗率低,需种量较多,每667平方米需 40～50 千克。

191. 怎样进行金花菜田间管理?

(1)肥水管理 播种后要注意浇水,须保持土壤湿润,以利于出苗,特别是在早秋浸种催芽、湿籽湿播的田块,播种后每天早晚浇水 1 次,出苗前不能断水,这样 4～5 天即可出苗。出苗后 7 天内仍需每天浇水,才能确保齐苗。同时要做好清沟排渍和除草工作。

当苗具有 2 片真叶时,施第一次腐熟淡粪水,半个月后施第二次。之后每采收一次,根据天气及苗情长势,酌情追施稀薄腐熟的清粪水,以促苗恢复生长。

(2)病虫害防治 春、秋栽培过程均有蚜虫为害,应勤查勤防,可用 40%乐果 1 000 倍液喷洒。春播时有小地老虎幼虫为害时,可进行诱杀,以减少害虫基数。

192. 怎样采收金花菜?

早春播的,4 月下旬至 5 月下旬收割,共采收 3 次,每 667 平方米产量 1 000 千克左右。5～6 月份播种的,7 月初至 7 月下旬收割,共采收 2 次,每 667 平方米产量约 400 千克。6 月上旬播种的,易遇上高温阵雨,茎部易腐烂,应注意天气情况,及时抢收,以免遭受损失。

早秋播种的,播种后约 28 天即可开始收割,可收割 3～4 次,每 667 平方米产量约 750 千克。晚秋播的,采收 3～4 次,当年产量每 667 平方米 500～600 千克;翌年春天还可采收 1～2 次,每 667 平方米产量 200～300 千克。

193. 金花菜质量检测(外观)的要求和采后处理技术是什么?

金花菜鲜嫩,有光泽,无老化叶,无黄叶,无病虫危害。

金花菜收割后放入盛器,放清洁水池中冲洗,除去尘埃、杂物,拣出黄叶、病虫叶、老叶后,即可装入销售箱运至销售点上市。高温时注意防暴晒,放阴凉处保鲜。

十五、菊花脑

194. 菊花脑的形态特征如何?

菊花脑别名路边黄、菊花叶、黄菊仔,为菊科茼蒿属,以茎、叶供食用的1年生或多年生的宿根性草本植物。

菊花脑茎直立,绿色,半木质化,高30～40厘米;分蘖能力强,摘心后侧枝生长茂盛。其地下匍匐茎多分枝。叶互生,卵形或椭圆形,光滑或近无毛;叶缘具粗大的复锯齿或二回羽状深裂,先端短尖,叶基稍缩成叶柄。头状花序生于枝端,集成圆锥状,总苞半球形,外层苞片较内层苞片短。舌状花,黄色,披针形。蒴果,种子小,灰褐色。

195. 菊花脑有哪些类型和品种?

菊花脑按叶片大小分为小叶菊花脑和大叶菊花脑。小叶菊花脑叶片较小,先端尖,叶缘深裂,叶柄常淡紫色,产量低,品质差。大叶菊花脑又名板叶菊花脑,叶片较大,先端钝圆,叶缘浅裂,产量高,品质好。

196. 菊花脑的良种繁育技术是什么?

在大田内选择生长健壮、无病虫害的植株做种株,在下半年停止采收。种株10月份开花,12月种子成熟。采收时将花头剪下晒干后搓出种子,经日晒后放入瓶罐内密封,贮藏于种子保管室内,贴上标签备用。每667平方米种子产量约5千克。

采种后的老桩仍留田间,翌年2月将老桩齐地面刈掉,加强肥水管理。3月份后可采收嫩梢上市。

197. 菊花脑生长发育需要什么环境条件?

菊花脑耐寒怕热,要求光照充足,对土壤要求不严,但适宜于排水良好的肥沃土壤生长。春暖萌芽,秋季现蕾,10 月份开花。

198. 怎样繁殖菊花脑?

菊花脑一般采用种子繁殖,也可采用分株繁殖和扦插繁殖。

(1)种子繁殖 播种前,选排水良好、土层疏松、肥沃的壤土地,及时翻耕冻垡,每 667 平方米施腐熟厩肥 1 500～2 000 千克或复合肥料 50 千克作基肥。经耕耙、疏松、平整后,做宽 1.2～1.5 米、高 20～30 厘米的畦。2 月上旬至 5 月上旬,将畦面再次翻耕细耙,平整土壤,在合适的墒情下均匀撒播或条播种子,每 667 平方米播种量需 0.5～0.7 千克;播后,撒一层筛过的营养土,再用木板拍实畦面,使种子与泥土贴紧实,以利于吸水、萌芽,然后覆盖地膜或旧薄膜保墒保温。待种子出苗后,及时揭去薄膜,见光炼苗。当幼苗长出 3～4 片真叶时开始间苗,株距 30～35 厘米,间出的苗可做种苗移栽。采用育苗移栽的,播种方法同前所述,4 月上旬苗高 6～8 厘米时,将苗从苗床挖起定植于已整地的栽培畦上,单株或 3～4 株为一丛穴栽,穴距 15～20 厘米。

(2)分株繁殖 于早春挖出越冬的植株分栽,每穴栽 3～5 株,穴距 20～25 厘米,成活后追肥、浇水,以促进发棵。在零星空地上种植,一般采用分株栽培,这种繁殖方式比较容易成活,生长快,采收早。

(3)扦插繁殖 生长期间均可进行,但以 6～8 月扦插成活率较高。用育苗床或育苗盘均可扦插繁殖。苗床土用清洁的沙质壤土,或 1 份河沙加 1 份草炭土配成,浇透水,待水渗后,选取 5～6 厘米长,并摘取基部具 2～3 片叶的菊花脑嫩梢插入土中 1/2。若用生根粉蘸切口,所有插条几乎可全部成活。扦插后要保持苗床湿润，高温季节需要遮光处理，15 天左右成活，成活后便可以移栽大田。

此外，菊花脑的幼茎和幼叶均可作外植体进行组织培养，以扩大繁殖。

199. 怎样进行菊花脑田间管理?

(1)施肥 播种后，每 667 平方米浇施腐熟稀薄人粪尿水 2 000～3 000 千克。从种子发芽出土后至第一次采收前，应追施稀薄人粪尿 3～4 次，每隔 10～15 天施 1 次，每 667 平方米施 1 300～1 500 千克。开始采收后，每采收 1 次追肥 1 次，每 667 平方米施腐熟稀薄人粪尿 2 000～2 500 千克。如多年生栽培田，在地上部干枯后应于结冻前割去，重施 1 次冬肥，每 667 平方米施优质粪肥 1 500～2 000 千克，以利于防寒越冬和早春萌发。

(2)浇水 播种或移栽、定苗后浇水 1 次，以利于发芽或成活。在生长期间要经常保持田间湿润，以利于茎叶迅速生长和保持鲜嫩。每采收 1 次应结合追肥浇 1 次透水。雨季应注意防涝，切忌田间积水造成烂根。

(3)中耕除草 及时清除田间杂草，如土壤不板结，用手将杂草拔掉即可；如土壤板结，需进行中耕，中耕深度以 3～4 厘米为宜。多年生栽培田可用于冬前进行培土或覆盖，以利于越冬和早春萌发，并提早上市。

(4)病虫害防治 在菊花脑生长发育期间，须勤防蚜虫为害，可用 40%乐果 1 000 倍液防治。老桩植株上，常有菟丝子为害，可用微生物除草剂鲁保 1 号喷洒，浓度为每毫升菌液含活孢子 2 000 万～3 000 万个。最好在高温天气或微微小雨时喷药，以利于菌孢子萌发和侵入菟丝子，使其染病逐渐死亡。

200. 怎样采收菊花脑?

一般在 5 月上旬苗高 15～20 厘米时,用剪刀剪下嫩梢供食用。采收 2 次以后,植株生长较壮大时,可用镰刀割取嫩梢。每隔 10～15 天采收 1 次。利用零星隙地种植的小块地,可分批轮流采收至开花。大田栽培的春季可采收 3 次,秋后采收 2 次。

采收时,要注意保留短嫩芽,以保证后期产量。植株留茬高度随季节而异:春、秋季留 3～4 厘米,夏季留 6～7 厘米。每 667 平方米每次采收产量 250 千克左右,每 667 平方米总产量约为 1 200～1 500 千克。

201. 菊花脑质量检测(外观)的要求和采后处理技术是什么?

菊花脑应选鲜嫩茎、嫩叶,清洁,无污泥,具特殊清凉风味。

菊花脑采收后放入盛器内,在清水池里轻轻冲洗一下,除去尘土,然后装入塑料销售箱运至销售点上市。

十六、菊　苣

202. 菊苣的形态特征如何?

菊苣别名欧洲菊苣,为菊科菊苣属中多年生草本植物,是野生菊苣的一个变种。

菊苣的根为肉质根,短粗,根系不发达。茎直立,有棱,中空,多分枝。根出叶,互生,长倒披针形,先端锐尖,叶缘齿状。头状花序,花冠舌状,青蓝色,聚药雄蕊。瘦果,有棱,顶端戟形。种子小,褐色,有光泽。

203. 菊苣有哪些类型和品种?

菊苣种类品种繁多,按食用器官可分为叶用型、球用型和根用型;按是否软化栽培可分为软化栽培型和非软化栽培品种;按芽球颜色又可分为乳黄色和红色品种。在我国栽培适应性表现良好的叶用菊苣主要有两个类别:一是用于软化栽培的"软化菊苣",另一个是能自然形成叶球的结球菊苣。

在上海市种植的菊苣有甜叶菊苣、割叶菊苣和矮生塌地菊苣3个品种。

(1)甜叶菊苣　形如包心大白菜,叶片肥大,叠抱成长筒形;外叶绿色,内叶黄绿色,叶柄基部白色。单株重约1千克。成熟早,质地脆,炒后食用味略苦。耐低温能力较弱。

(2)割叶菊苣　叶柄细长,叶片椭圆形,叶色有绿色、红色及红绿相间3个类型。熟性晚,耐低温能力强,在上海可露地越冬。以收割幼嫩叶供食用。割叶后,很快又能长出新叶,可陆续采收上市。

(3)矮生塌地菊苣　与上海矮箕青菜相似。叶片全缘，叶片顶端呈弧形，叶片排列呈同心圆状。植株矮，呈灰绿色，晚熟。可露地越冬，植株幼小时可整株采收，也可剥叶食用。

此外，近几年从国外引进的软化栽培品种有科拉德（荷兰）、梅切丽斯（荷兰）、特利劳夫（荷兰）、艾切利尼莎（英国）、巴西白菊苣（巴西）、沃姆即 ZOOM（日本）、白河（日本）、德国红菊苣（德国）、法国红菊苣（法国、意大利）。结球菊苣品种有红色叶球品种美杜莎（荷兰）、艾丽奥斯（荷兰）、西乐拉（荷兰）、吉尤利奥（荷兰）、古斯特（荷兰）、塞莎拉尔（荷兰）、法国红菊苣（法国）、德国红菊苣（德国）。绿色叶球品种有乐培特（荷兰）、皮罗托（荷兰）、斯卡皮亚（荷兰）、庞乔（荷兰）、柯里塔斯（日本）。还有我国培育的新品种：中国农业科学院蔬菜花卉研究所育成的中国1号芽球菊苣、河北省农林科学院经济作物研究所等单位从引进的国外品种中经多年栽培筛选而选育出的晶玉、丰丰、红玉中囤一号、中选1号等，可供各地引种试种。

204. 菊苣的良种繁育技术是什么？

在菊苣秋播田块中，选择符合原品种特征特性、无病虫害的健壮植株作为种株，加强田间管理，去杂除劣，去除弱小植株和病虫危害的植株，然后采种繁殖。

205. 菊苣生长发育需要什么环境条件？

菊苣耐寒力与熟性因品种而异。甜叶菊苣成熟早，耐低温能力较弱；割叶菊苣熟性晚，耐低温能力强。矮生塌地菊苣熟性晚，可露地越冬。栽培田块以疏松、肥沃、排水良好的壤土为宜。

206. 菊苣怎样播种、育苗和定植？

菊苣在春、夏、秋季均可播种，但以秋播为好。当前茬作物收获完毕，应及时翻耕晒白，施足基肥，精细整地做畦，均匀撒播种子。然后覆盖细土或营养土，盖没种子，踩踏一遍，使种子与泥土贴紧实，以利于吸水萌芽。早秋、晚春和夏季播种，高温时要覆盖遮阳网降温保墒。出苗后，及时间苗，锄草1～2次，幼苗有5～6片叶时，便可定植于大田。每畦栽3行，株距20厘米左右。

栽培菊苣宜选择土壤疏松、肥沃、排水良好的田块种植。前茬作物腾地后，及早翻耕晒白，并每667平方米施入腐熟粪肥1 000千克或复合肥料50千克作基肥，做深沟高畦，畦宽连沟1.5～2米。

207. 怎样进行菊苣田间管理？

(1)肥水管理 根据苗情及天气情况，及时做好肥水管理工作。保持土壤湿润。因菊苣根系不发达，肥水要充足。同时做好中耕除草和整修畦沟工作。

(2)病虫害防治 菊苣病虫害发生较少，如果发现蚜虫要及时用40%乐果1 000倍液喷洒，对其他病虫害的防治方法同莴苣。

208. 怎样采收菊苣？

甜叶菊苣11月初就已包心待收，包心紧实后应尽早采收，则品质好。也可根据需要延迟到严冬来临前收获。剥叶菊苣在定植成活至叶片生长繁茂时就可割叶，以后半个月左右又可收割1次。

209. 菊苣质量检测(外观)的要求和采后处理技术是什么？

菊苣鲜嫩，具光泽，无黄叶，无病虫危害。

收获叶球的，将收获的叶球割除外叶、病叶和黄叶等，按大小分别装入销售箱上市。割叶片的则扎成小把，在清洁水池中冲洗后，装入销售箱上市。

十七、茴 香

210. 茴香的形态特征如何?

茴香别名怀香、大茴香、小茴香、香丝菜等,为伞形科茴香属的多年生草本植物,有特殊的香味。

茴香株高30～40厘米,抽薹后可达2米高。茎直立,具分枝,分枝光滑无毛,有蜡粉。叶长25～30厘米,叶宽4～5厘米。茎生叶为三四回羽状深裂的细裂叶。小叶呈丝状,深绿色,上部叶柄是由一部分或全部的叶鞘所组成。复伞形花序,无总苞,花小,金黄色。果实为双悬果,长椭圆形,果棱光锐,内有两粒种子。千粒重4～5克。

211. 茴香有哪些类型和品种?

茴香有大茴香和小茴香两个类型。大茴香分布于山西、内蒙古等地。茴香植株较高,为30～40厘米。叶5～6片,叶柄较长,叶距较大,生长快,抽薹较早。小茴香在北京、天津种植较多,植株较矮,高20～35厘米。有7～9片叶,叶柄短,叶距小,生长慢,抽薹晚。按种子形状分为圆粒种和扁粒种。

212. 茴香的良种繁育技术是什么?

茴香作为种用的果实,应在大田收获时选择生长健壮、籽粒饱满、无病虫害的植株,在完全成熟时收割单独脱粒,扬去瘦小颗粒,并在通风、干燥处贮藏保存,以备翌年播种之用。

213. 茴香生长发育需要什么环境条件?

茴香性喜冷凉性气候,耐寒,也耐热。种子6℃～8℃即可发芽,发芽适温为15℃～25℃,生长适温为15℃～28℃,超过34℃生长稍有不良反应,能耐短期-2℃低温。生长发育期间需要充足的光照。对土壤要求不严,但以中性或弱酸性、排水良好、肥沃疏松的壤土为宜。

214. 怎样播种茴香?

种植茴香要选择排水良好、阳光充足的地块。每667平方米施入腐熟有机肥2 000千克,与土壤充分混匀,整细耙平,做深沟高畦,以利于雨季排水,畦宽连沟1.5～2米。在长江流域,露地播种时期在4～10月份,晚春播、早秋播及夏播时,温度高,要覆盖遮阳网降温保湿。播种前进行催芽,先用15℃～20℃冷水浸泡种子8～12小时,并进行搓洗,淘洗干净并沥干后置于15℃～20℃的条件下催芽,待种子露白即可与细沙混匀播种。播种方法有条播和撒播,基本上与芫荽、茼蒿相同。一般每667平方米播种量10～12千克。播种后,土壤切勿干燥,要保持畦面湿润,有利于幼苗出土。

215. 怎样进行茴香田间管理?

(1)水肥管理 播种后切勿干燥,要保持畦面湿润,以利于幼芽出土。若水分不足,往往造成缺苗现象。出苗后应适当控制浇水进行蹲苗,促使幼苗生长健壮。干旱时才浇水,水不宜过多。待苗高达10厘米以上时,浇水宜勤,直至收获。夏秋季节雨水较多时,要注意排水防渍;高温季节暴雨过后,可浇“过堂水”,以降低地温。

除施足基肥外,早春苗齐可结合浇水追施充分腐熟的稀薄人粪尿，以提高地温，并适当蹲苗。当苗高 10 厘米左右时进行追肥，一般每 667 平方米施尿素 15～20 千克，或稀薄腐熟人粪尿 500～1 000 千克。如进行多次收获的，则在每次收获后追施同等量的速效氮肥。

(2)间苗除草　齐苗后及时间苗，以免幼苗互相拥挤造成生长不良。有并株的要间成单株，保持株距 4～5 厘米。结合间苗拔除杂草。

(3)病虫害防治　茴香病虫害发生较少。早春及夏秋高温多雨时，易发生猝倒和疫病，要注意通风，降低播种密度，及时清理畦沟，排水防渍。

虫害有茴香凤蝶，幼虫啃食茎叶，少量发生可以人工捕捉，栽培面积较大时，可在幼龄幼虫期喷洒 90%敌百虫 800～1 000 倍液。

216. 怎样采收茴香？

以嫩茎叶供食。春播苗高 30 厘米即可收获，而南方地区则可多次采收茎叶，留茬高约 3 厘米时采摘，一般每 667 平方米产量 2 000～3 000 千克。

217. 茴香质量检测（外观）的要求和采后处理技术是什么？

茴香茎叶鲜嫩，有光泽，无黄叶，无病虫危害，具香味。

采收茴香时连根拔起或留茬收割嫩茎叶，经过整理摘去黄叶、病虫叶后，捆扎成约 0.5 千克的小把，用清洁水冲洗，装入塑料销售箱，运至销售点上市。

十八、番　杏

218. 番杏的形态特征如何?

番杏别名新西兰菠菜、外国菠菜、夏菠菜、澳洲菠棱菜、法国菠菜、白番杏,是番杏科番杏属中以肥厚多汁嫩茎叶为产品的1年生半蔓性草本植物。

番杏根系发达,直根深入土中。植株丛生,分枝匍匐生长,长可达120厘米。茎横切面圆形,直径0.4～0.7厘米,绿色,茎上光滑。叶片三角形,互生,绿色。叶柄长2～3厘米,叶肉厚,表面光滑,叶面密布银色细粉。夏、秋季叶腋着生黄色花,花很小,花被钟状4裂,不具花瓣。果实为坚果,菱角形,果皮褐色,每果含种子3～4粒。种子棕褐色,有棱纹4～5条,每条棱纹顶端均有细刺,种子千粒重为83～100克。

219. 番杏有哪些类型和品种?

我国种植的番杏,据报道皆从国外引进。北京、上海、南京、福建等地引种的历史较长。如上海地区栽培的番杏,系从英国引进,栽培迄今约100年。该品种植株丛生,分枝匍匐生长,长120厘米。叶片略呈三角形,长10厘米,宽7厘米。叶肉厚,表面光滑,密布白粉。种子淡褐色,有棱4～5条,各顶端有刺。番杏耐热力强,不耐寒,忌湿。

220. 番杏的良种繁育技术是什么?

番杏留种无须专设留种田。一般在采收1～2次后,选择健壮植株作种株,清除种株周围的植株,任其生长。至7～8月份主茎和侧枝的每一叶腋都会着生花序，开花结实。10 月份种子成熟。老熟种子容易脱落，要分次收获，晒干贮藏。

221. 番杏生长发育需要什么环境条件？

番杏性喜温暖，耐炎热，抗干旱。种子在 8℃～10℃即可萌芽。生长适温为 22℃～25℃，30℃以上仍可照常生长。低于 8℃～10℃生长缓慢，0℃以下植株受冻枯死。对日照要求不严，耐旱怕涝。对土壤要求不严格，但以肥沃的壤土或砂壤土、中性土壤为宜。需肥量大，主要为氮肥，开花结果时要增施磷、钾肥。

222. 番杏怎样播种、育苗和定植？

番杏的播种期依据各地气候确定。南方地区春、夏、秋季均可播种，但以春、秋播种较宜。由于番杏生长期长，又是一种喜肥作物，宜选择肥沃的壤土或砂壤土田块种植。整地时多施基肥，一般每 667 平方米施腐熟厩肥 5 000～6 000 千克，或粪肥 1 000 千克，或复合肥料 100 千克，翻耕整平，做畦宽连沟 1.5 米的深沟高畦，以有利于排灌，防止发生涝灾。

番杏虽可育苗移栽，但根系再生能力弱，定植后缓苗慢，故一般多直播。同菠菜一样，番杏的播种材料也是果实。果实坚硬，渗水性差，如不经处理，发芽时间太长。播前在 25℃～30℃温水中浸泡 24 小时。以点播法为主，株行距 30 厘米×50 厘米，开 2～3 厘米深的穴，每穴播种 3～5 粒，播后浇透水，覆盖稻草保湿保温。如采用撒播，待苗长至 5～6 叶时进行间苗，间苗 1～2 次后定苗，苗距约 20 厘米。早春播种可采用塑料小拱棚，育苗后移栽。育苗移栽的行距为 40～50 厘米，株距 15～25 厘米。露地直播，每 667 平方米用种量为 5 千克左右；育苗移栽，每 667 平方米播种量为 2～3 千克。夏、秋季高温期间可用遮阳网覆盖栽培。

223. 怎样进行番杏田间管理?

番杏播种出苗后,应及时做好间苗、中耕、除草、浇水和施肥等田间管理工作。由于番杏喜肥,生长期长,采收次数多,间苗后即用腐熟的稀人粪尿追施,每667平方米施1000千克左右。幼苗具有4～5片真叶时,每667平方米施复合肥约10千克、尿素2千克。以后每10天左右,根据植株生长情况定期追施复合肥10～15千克。采收期间,每采收1次可用尿素2～3千克与复合肥5～10千克追施1次,以促进植株的分枝与生长。

番杏生长期间应保持土面湿润,防止土面干旱引发植株早衰而降低产量。雨天注意清沟排水,防止涝害和渍害。

番杏生长前期生长缓慢,植株较小,土壤容易板结,杂草多,必须定期进行中耕、松土与除草,以保证植株正常生长。

番杏的抗逆性强,病虫害较少。在番杏生长的中后期,如发现菜青虫,可用20%杀灭菊酯乳油4000倍液喷雾防治。

224. 怎样采收番杏?

随着番杏植株的生长,可陆续采收嫩梢。当苗具有4～5片真叶时,即可间拔采收,采收方法与豌豆尖采收相类似。夏、秋季节在肥水充足的条件下,10～15天即可采摘1次,每667平方米产量可达3000～4000千克。

225. 番杏质量检测(外观)的要求和采后处理技术是什么?

番杏要鲜嫩,无黄叶,无病虫危害,无污泥,无损伤。

番杏采收后放入盛器内,经过整理,挑出黄叶、病虫叶、残叶后,置清水池中轻轻冲洗后,便可装入销售箱上市销售。

十九、紫背天葵

226. 紫背天葵的形态特征如何？

紫背天葵别名血皮菜、观音苋，是菊科三七草属中以嫩茎叶供食用的半栽培种，为宿根常绿草本植物。

紫背天葵茎绿色，节部紫红色。叶长卵圆形，长约 18 厘米，宽 5 厘米左右，厚约 0.5 厘米，边缘有锯齿。叶面绿色，略带紫色，背面紫红色，具蜡质，有光泽。花黄色。

227. 紫背天葵有哪些类型和品种？

紫背天葵为半栽培种，栽培历史较短，生产上尚无性状不同的栽培品种供选择。紫背天葵适应性强，周年可生产，但以秋冬季、春季生长较旺盛。

228. 紫背天葵生长发育需要什么环境条件？

紫背天葵适应性强，耐热，耐干旱，较耐阴。如日照充足，紫背天葵生长更旺盛，耐瘠薄，在石缝中也能生长。

229. 紫背天葵怎样繁殖和定植？

紫背天葵生长期长，生长量大，对肥水要求较多，宜选择疏松、肥沃的壤土地块种植。须施足基肥，一般 667 平方米施腐熟有机肥 2 000～3 000 千克，磷肥 30 千克，或加适量复合肥料。施下的肥料要充分与土壤混合均匀，而后做畦，一般畦高 20～25 厘米，宽连沟 1.2～1.5 米。通常采用无性繁殖培育幼苗。

紫背天葵为宿根性植物，茎节部易发生不定根，适宜扦插繁殖，也可分株繁殖。分株繁殖一般在植株进入休眠或恢复生长前进行，但分株繁殖的繁殖系数低，分株后植株的长势弱。从健壮的母株上取茎节作插条，每插条长约 8～10 厘米，具 3～5 片叶，摘去基部 1～2 叶，插于苗床，插条应斜插，以有利于生根。可用土壤或细沙做苗床，扦插株距 6～10 厘米，入土约 1/3 至 2/3，经常浇水，覆盖遮阳网，保持苗床湿润，约经 10～15 天成活。全年均可扦插，在春、秋两季扦插容易生根，成活后即可移栽，定植株距为25～30厘米，行距 30 厘米左右，每 667 平方米种植 4 000～5 000 株。也可把插条直接插到栽培地里。

230. 怎样进行紫背天葵田间管理?

紫背天葵为宿根性作物，目前尚无大面积种植，只利用零星隙地栽培，其适应性和抗逆性很强，田间管理较为简单粗放，主要做好追肥、灌水及中耕、除草的工作。一般在施足基肥的基础上，每采收一次，每 667 平方米追施稀薄的腐熟人粪尿约 1 000 千克，或尿素 10～15 千克。每次追肥后均应及时灌水，遇天旱时也应灌水，保持土壤经常处于湿润状态。但灌水量不宜太大，以见干见湿为宜。如土壤板结，要适时中耕，拔除杂草。在天旱季节易发生蚜虫，应注意防治。

231. 怎样采收紫背天葵?

紫背天葵植株高达 25～30 厘米、嫩梢为 15 厘米左右时即可采摘。采收方法是，第一次采摘留基部 2～3 节叶片，以后每一叶腋又长出一新梢，下一次采收留基部 1～2 节叶片。各季均可陆续采收嫩梢和嫩叶，以春、秋两季为采收旺季，每 10～15 天采收 1 次。冬季生长极慢，每月采摘 1 次。

232. 紫背天葵质量检测(外观)的要求和采后处理技术是什么?

紫背天葵梢、叶鲜嫩,无病虫危害,无黄叶。

紫背天葵采收后放入盛器,拣出老叶、黄叶、病虫叶后,在清水池中冲洗一下,装入塑料销售箱,运至销售点上市。

二十、紫　苏

233. 紫苏的形态特征如何?

紫苏别名荏、赤苏、白苏、回回苏、香苏、苏子,是唇形科紫苏属中以嫩叶供食用的栽培种,为1年生草本植物。

紫苏为须根系,株高100厘米左右,茎断面四棱形,密生细柔毛。叶交互相对着生,绿紫色或紫色,卵圆形或广卵圆形;顶端剧尖,基部圆形或广楔形,边缘粗齿状,密生细毛。叶柄长3～5厘米。总状花序,花萼钟状,紫色或淡红色。坚果灰褐色,近球形或卵形,千粒重0.89克。

234. 紫苏有哪些类型和品种?

紫苏有两个变种,即皱叶紫苏和尖叶紫苏。皱叶紫苏也称回回苏或鸡冠紫苏;尖叶紫苏,又名野生紫苏。各地栽培的多为皱叶紫苏,除食用外,也具有一定的观赏价值。此外,依叶色不同,紫苏可分为赤紫苏、皱紫苏和青紫苏;依熟性,可分为早熟、中熟、晚熟;按利用方式,分为芽紫苏、叶紫苏和穗紫苏。

上海市栽培的为紫花和白花两种紫苏,由日本引进后,即自留种,株高80～100厘米。茎四棱形,绿色或紫色,有短毛和特异的香气。花白色或淡紫色,总状花序。果为坚果。叶卵形,叶端锐尖,叶缘锯齿状,叶色翠绿。

235. 紫苏的良种繁育技术是什么?

紫苏的良种繁育,可在春播的植株中选择纯度高、符合原品种特征特性的无病虫害健壮植株作为种株。于6月份定植于留种田内或空隙地上留种。但须注意周围无异品种留种。10月份种子逐渐成熟，便可分次剪取成熟的花序在竹席晒种2～3天，脱粒扬净后再晒种2～3天。待干燥后收藏于种子的瓶、罐等盛器内密封妥藏，贴上标签。一般每株可收种子12.5克左右。

236. 紫苏生长发育需要什么环境条件?

紫苏性喜温暖湿润的气候，气温8℃以上即能发芽，发芽适温为18℃～23℃，开花期适温为26℃～28℃，属短日照蔬菜，秋季开花结实。产品器官形成时不耐干旱，如空气过于干燥，茎叶粗硬，纤维多，品质差。对土壤适应性较广，但以保持湿润、排水良好、疏松、肥沃的沙质壤土为宜，所需肥料以氮肥为主。

237. 紫苏怎样播种、育苗和定植?

露地栽培紫苏，一般于3～4月份播种育苗，4～5月份定植，6～9月份采收。设施栽培春季提前至1～2月份播种育苗，2～3月份定植，4～6月份采收供应，秋季延至8～9月份播种，9～10月份定植，11月至翌年1月份采收供应。

紫苏应选择阳光充足、排灌方便、疏松肥沃的壤土地块种植为好。结合整地每667平方米施充分腐熟厩肥或堆肥2 000～3 000千克，过磷酸钙30千克，草木灰适量，或复合肥料50千克作基肥。耕翻土地深25厘米左右，整细耙平，做深沟高畦以利于排灌，畦宽连沟1.5～2米。直播时条播、穴播均可，条播按行距50厘米，开0.5～1厘米浅沟，播后覆土镇压；穴播按株行距30厘米×50厘米挖穴，每穴4～5粒种子，播后保持土壤湿润，一般10～15天即可出苗，出苗后至定苗前，应间苗2～3次，条播者在苗高10～15厘米时按30厘米株距定苗；穴播后每穴留苗1株。

育苗移栽的，应根据定植期和苗龄向前推算播种期，育苗床应施入适量过筛的腐熟有机肥，与土拌匀后整细耙平，而后浇足底水，待水渗下后，覆盖一层薄土（底土），然后均匀撒播种子，覆盖0.3～0.5厘米厚的细土，再覆盖塑料薄膜保湿保温。待幼苗刚破土时，傍晚揭去覆盖物，以后需及时间苗2～3次，苗距约3～4厘米见方。如果采用棚膜覆盖的，应注意及时通风换气，防止秧苗徒长。当苗高10～15厘米时，选暖和天气，适时带土块起苗定植，株行距约30厘米×50厘米，定植后及时浇水。每667平方米需用种量0.7千克左右。

238. 怎样进行紫苏田间管理？

紫苏定苗或定植后要及时浇水，以利于缓苗发根。春季地温低，紫苏苗期生长缓慢，应及时中耕除草。5月中下旬以后，气温越来越高，雨水增多，中耕除草时应结合培土，以防止植株倒伏。此时生长旺盛，又正值菜用嫩茎叶采收适期，应每隔20～30天追肥1次，以速效氮肥为主。

紫苏病虫害较少，在生长过程中，有时也会发生白粉病、锈病等。其防治方法是：深沟高畦种植，清沟排渍，株行间保持通风透光；发病初期可用50%甲基硫菌灵1500倍液，或15%三唑酮可湿性粉剂1500倍液喷雾防治。

239. 怎样采收紫苏？

菜用紫苏嫩茎叶要求鲜嫩，叶片无缺损、无洞孔、无污泥，无黄叶，无病虫危害，具香味。

紫苏幼苗供食的，播种后30～35天可间拔采收；陆续采收叶片的，播后40～50天，叶片长到一定程度时，根据市场需求随时采摘。

240. 紫苏质量检测（外观）的要求和采后处理技术是什么？

紫苏嫩叶采收后，放入盛器内，用清水轻轻冲洗后，即可装入塑料销售箱，运至销售点上市。

二十一、薄　荷

241. 薄荷的形态特征如何？

薄荷别名蕃荷菜、苏薄荷、南薄荷、水薄荷、鱼香草等，是唇形科薄荷属以嫩茎叶为食用的栽培种，为多年生宿根草本植物。

薄荷植株高 40～100 厘米，茎 4 棱，地上茎赤色或青色，地下匍匐茎白色。叶对生，呈卵形或长卵形，叶缘锯齿状。茎及叶柄具茸毛。花浅紫色，瓣小，唇形，集生于叶腋。有雄蕊 4 枚，雌蕊 1 枚。果实为蒴果，种子极小，黄褐色。千粒重 0.1 克。

242. 薄荷有哪些类型和品种？

薄荷可分为长花梗和短花梗两种类型。长花梗类型在欧美栽培较多，如欧洲薄荷、美国薄荷、荷兰薄荷等。该种花梗很长，常高出全株之上。我国栽培的多数为短花梗类型，按其叶形、叶色、茎的颜色又可分为赤茎圆叶、青茎圆叶及青茎柳叶等。该种花梗极短轮状花序。

薄荷经过近几十年的品种选育工作，育成了一系列新品种。如 1979 年通过技术鉴定的 73-8，上海香料研究所育成的 39 号，江苏海门县农业科学研究所育成的“海选”，安徽省农业科学院用 73-8 选育成的 862 和用 73-8 经 ^{60}Co 照射选育成的 863 等，已普遍应用于生产。

243. 薄荷的良种繁育技术是什么？

薄荷种一次可连续收获 2～3 年。其繁殖方法以简单易行的无性繁殖为主，如用分株、地上茎、地下茎繁殖等，可在品种纯度高、生长健壮无病虫的田块中，精选符合具有原品种特征特性的健壮植株作为种株。利用该种株所结的种子或地上茎、地下茎等作为繁殖材料。在长江中下游地区作扦插繁殖时，以3～4月或9～10月份较为适宜。用薄荷茎2～3节插入土壤中，一般8天左右便可成活。成活后的管理，与一般栽培田的管理措施相同。用种子繁殖时，于3月中旬至4月上旬在塑料小拱棚用育苗盘播种育苗，经过17～20天移苗，至有真叶5～6叶时便可定植于留种田，株行距为25厘米×30厘米，每穴1株。定植的管理与一般栽培田的管理相同。

244. 薄荷生长发育需要什么环境条件？

薄荷耐热又耐寒，喜湿但不耐涝，土壤持水量在80%左右有利于其生长。薄荷耐阴，宜种植于背阴处或在果园内间作。对土壤要求不严，但要获得优良高产，应选择肥沃的沙质壤土或冲积土种植，养分以氮肥为主，钾肥次之，磷肥最少。

245. 薄荷怎样繁殖和播种？

薄荷一般应选择阳光充足、地势平坦、灌溉方便、肥沃的土壤种植。在播种或定植前，早日翻耕碎土，每667平方米施入腐熟有机厩肥1 500～2 000千克，过磷酸钙40～50千克，充分与土壤混匀，整细耙平，开沟做高畦，畦宽连沟1.5～2米。

薄荷既可用种子繁殖，也可用茎根、插枝和分株等无性繁殖的方式。以分株繁殖为最简便易行，一般采用此法。由于薄荷茎细软，长到一定高度后基部便匍匐于地面，与地面接触后，每一节向下生不定根，向上抽生一新枝，接触地面节数愈多，则新枝也愈多。将匍匐茎在老根处剪断，逐节剪开，则每节为一分株，便可用于分株繁殖。

从清明至谷雨，当苗高为10～15厘米时，从上一年的老薄荷地里选择无病害的健壮母株，将苗连同所带的根茎一起掘起，带土移植于预先整好的田块，株行距为 15 厘米×25 厘米，移栽后及时浇水。

根茎繁殖，秋末冬初把地下根茎挖掘出来，选取肥大、节短、黄白色的地下新根茎，切成约 10 厘米的小段种植于生产田中。地下根茎在茎秆长出 8 对真叶时，就开始发生，随植株同时生长，到现蕾期即布满地表，温度适宜时即脱离母株，长出新苗。在春季或秋季，也可将地上茎切成约 10 厘米的小段，每段上须有新芽，扦插于苗床中，适当遮荫，及时浇水，生根成活后，即可移栽大田。也有的将长有新芽的地上茎直接扦插到大田，入土 2～3 节，随即浇水，以利于成活。

246. 怎样进行薄荷的田间管理?

薄荷的田间管理可按以下两个时间段进行。

(1)头刀期　即出苗后至第一次收割前的田间管理，要抓好以下工作。

①匀苗去杂　苗高 15～20 厘米时，根据所种植品种的形态特征，先把野杂株连根挖掉，再对幼苗分布不均的地方进行调整，过密处要疏苗，过稀处要补苗。留苗密度因品种和土壤肥力水平而异，发棵大的品种，土壤肥力高的，密度可小些；发棵小的品种，土壤肥力较低的，密度应大些，株距一般为 10～20 厘米。

②中耕除草　在植株封行之前，进行中耕除草 2～3 次。收割前应拔除田间杂草，以防止有气味的杂草混入，影响精油质量。

③适时追肥　施肥应是基肥与追肥并重，农家肥与化肥配合。施肥时期和施肥量应根据植株生长情况确定，一般原则是生长前期和后期轻施，中期重施。具体施肥方法是：轻施提苗肥，每 667 平方米施腐熟人、畜粪 500～1 200 千克或尿素 5 千克；重施分枝肥，每 667 平方米施腐熟人、畜粪 1 000～1 500 千克或饼粕 50～75

千克；巧施保叶肥，每667平方米施尿素5千克左右。最后一次追肥应在收割前30天左右施下，不宜过早或过迟。如过早施，后期肥力不足，易引起早衰和落叶；过迟施，易导致收割时植株贪青返嫩，影响产量和质量。

④排水与灌溉 雨水多时，田间积水应及时排掉，以免影响植株正常生长；若天气干旱，土壤干燥，应及时进行灌溉。如作提炼薄荷油用时，收割前20天左右应停止灌水，以防收割时植株贪青返嫩，影响产量和质量。

⑤轮作 薄荷需肥量较多，对土壤肥力消耗较大，若在一块地长期连作，不但消耗肥力大，病害加剧，土壤中某些微量元素缺乏，而且地下根茎年复一年纵横交错，将影响植株正常生长，导致产量和质量逐年下降，连作期不宜超过2年，应安排轮作。

(2)二刀期 即第一次收割后，至第二次收割前的田间管理。①第一次收割后，尽快锄去地面残茎和杂草，促使地下根茎上的芽萌发新苗，这种苗比较健壮整齐，生活力强。②锄去残茎、杂草后，及时追肥，每667平方米施用腐熟的人、畜粪750～1 000千克，施后灌水。③出苗后至第二次收割前，应追肥2～3次，遇到旱天及时灌水。收割前1个月左右停止追肥和灌水。这一时期气温高，杂草生长迅速，应及时除去杂草。

247. 怎样防治薄荷锈病？

选用抗病品种，清洁田园，加强管理，施用充分腐熟的有机肥。发病初期，喷洒15％三唑酮可湿性粉剂1 000～1 500倍液，或40％杜邦新星乳油9 000倍液，每隔半个月喷1次，共喷1～2次。采收前10～15天停止用药。

248. 怎样防治薄荷斑枯病？

防治薄荷斑枯病要实行轮作；收获后及时清洁田园，减少病源;加强田间管理,雨后及时排水,降低田间湿度;发病初期,喷洒65%代森锌可湿性粉剂500～600倍液,或1∶1∶160波尔多液,收获前10～15天停药。

249. 怎样防治小地老虎和斜纹夜蛾?

小地老虎的幼虫昼伏夜出,咬断幼苗,可于清晨人工捕捉,或用黑光灯诱杀成虫。在小地老虎1～3龄幼虫期,用90%敌百虫800倍液喷杀。斜纹夜蛾幼虫为害及防治方法与小地老虎相同。

250. 怎样采收薄荷?

如采收新鲜嫩茎叶食用,可在植株高20厘米时随时根据市场需求,采收嫩茎叶应市。

如作提炼薄荷油用的,长江下游地区每年采收两次。第一次在7月中旬至8月初,第二次在10月中下旬的开花盛期,当叶片浓绿变老、茎秆变硬时即可收割。雨天和露水未干时,不能收割,割时留茬要高。收割后,捆成小束,挂通风处阴干,不可暴晒。

251. 薄荷质量检测(外观)的要求和采后处理技术是什么?

以采收薄荷嫩茎叶食用的,茎叶要鲜嫩,有光泽,无污泥,无黄叶,无病虫危害,具香味。采收嫩叶或嫩尖,放入盛器内,用清水轻轻冲洗后,即可装入塑料销售箱,运至销售点上市。

二十二、豆 瓣 菜

252. 豆瓣菜的形态特征如何?

豆瓣菜别名称西洋菜、水苋菜、水田菜、水生菜、水芥菜和凉菜等。是十字花科豆瓣菜属中栽培的1～2年生水生草本蔬菜。

豆瓣菜为匍匐茎,腋芽萌芽力强,多从茎基部叶腋抽出侧茎,浅绿色,茎节发根力强,根浅生。叶为奇数羽状复叶,小叶1～4对,卵圆形或近圆形;顶端小叶较大、深绿色,气温低时变为暗紫红色。总状花序,两性花细小,花簇白色。荚果含种子数粒,种子小,扁圆形,黄褐色。千粒重0.95～1克。

253. 豆瓣菜有哪些类型和品种?

豆瓣菜亦称西洋菜。豆瓣菜有开花结籽和不开花结籽两种类型。不开花结籽的有广州豆瓣菜,用老茎越夏留种,嫩茎繁殖。开花结籽型主要有广西百色豆瓣菜,每年开花结实,用种子育苗或嫩茎扦插繁殖,茎浅绿色,产量高。此外,青叶西洋菜也可开花结籽,但采种较困难,植株匍匐生长,高30～40厘米,茎粗0.6～0.7厘米,易生侧茎,从定植至采收需20～30天。

254. 豆瓣菜的良种繁育技术是什么?

(1)用种子繁殖的品种留种 当春天气温升至10℃左右时,从丰产大田选择符合品种特性、茎较粗、叶较大、生长健壮、无病虫危害的植株为种株,移栽到旱地留种田。旱地留种田要事先选择灌溉方便、通风凉爽的平坦地块。栽前耕耙做畦,畦宽1.4～1.6米,畦沟宽35～40厘米,畦沟深15～20厘米,耱平畦面,按行距

20 厘米、株距 15 厘米栽插种株，灌入半沟水，渗透润湿畦内土壤。栽后每天浇水，直到活棵。活棵后仍需在沟中灌水，保持畦面湿润而无积水。如株间生长过密，引起枝叶柔嫩，要及时疏除部分植株或分株，使之通风透光，生长老健。一般于 2～3 月移栽种株，3 月下旬至 4 月开花，4～5 月结荚，5 月下旬到 6 月上旬荚果和种子成熟。留种地在现蕾期和结荚期各追肥 1 次，要求施用三元复合肥，以促进种子饱满，切不可偏施氮肥，并要注意防治虫害。种株先后陆续开花和结荚，荚果也陆续成熟。荚果成熟后易自然炸裂和散落，必须分期采收。一般分 3～4 次采收。每次间隔 4～9 天。如果穗中有一半左右的种荚发黄，其余种荚籽粒已饱满，即可剪取。剪荚宜在早上露水未干前剪下，轻剪、轻拿、轻放，以防种荚开裂散失种子。收后用小竹席内垫薄布，然后放入种荚，置阴凉通风处让青荚后熟 3～5 天，或在早晚不太强烈的阳光下摊晒 1～2 天，脱粒后装袋放置阴凉干燥处贮藏。每 667 平方米留种田可收种子 4.75～5.5 千克。

(2)用茎蔓繁殖的品种留种 通常用老茎作种。留种要越夏，因其怕热，在高温多雨季节，烈日暴晒，大雨冲击，害虫威胁，故留种比较困难，必须做好降温、防雨、治虫工作。留种时应选品种纯正、生长良好、茎较粗、叶较大的丰产大田，划出一部分作为种源。华南地区多在 4 月上旬，当日平均气温达 10℃以上时，即可在种源田中剔除少数茎蔓细、叶小植株和不符合所栽品种特性的植株，选留茎粗、叶大、品种特征明显的多数植株，移栽于旱地留种田中。所选旱地除应具备种子繁殖留种田的条件及准备工作外，因种株在田间越夏，为防止夏季高温伤害植株，最好留种田周围有树可遮去部分阳光。或在夏季最高气温达 35℃以上时，中午用遮阳网覆盖，并于每天早、中、晚各淋浇 1 次凉水降温。特别在暴雨乍晴时，要及时喷浇凉水，以防止熏蒸死苗。如发现有新根外露，可用剁碎的麦秆与细土混拌后撒于根上，护根保苗。遇有虫害要立即防治，使种株安全越夏。

255. 豆瓣菜生长发育需要什么环境条件?

豆瓣菜喜冷凉,较耐寒、不耐热。其生长适宜温度在20℃左右,气温低于15℃时生长较慢,高于25℃则生长受到抑制,30℃以上生长困难。豆瓣菜适宜在3～5厘米深的浅水中生长,不耐深水,水位不宜超过10厘米,并要求田水适当流动,以增加水中的溶氧量。空气相对湿度保持在70%～85%。豆瓣菜是喜光作物,光线不足时,茎叶生长纤弱。适宜中性土壤生长,适宜的pH值为6.5～7.5。以黏壤土和壤土较适宜。要求肥料以有机肥料为主,三要素中以氮为主,磷、钾适量配合。

256. 怎样进行豆瓣菜种苗繁殖和定植?

豆瓣菜多采用无性繁殖。一般于晚秋或初冬选植株生长良好的地块作为留种田(种苗田),留下种株越冬。翌年4～5月间,选通风并遮荫的旱地,耕耙后做畦,做移栽育苗床,从留种田中挑选茎蔓粗壮、节间短、带有叶片的健壮种苗,按行距15～20厘米、株距13～15厘米移栽于苗床内,随之浇水,保持田间湿润。在高温多雨季节,雨后骤晴和高温干旱时及时浇水,并用遮阳网覆盖降温、保湿,清除苗床杂草。每667平方米种苗可供2 000～2 668平方米(3～4亩)大田种植。待苗高15～20厘米时剪苗,每段有3～4节,按行距7～10厘米,每穴2～3株,将茎基部两节连同根系斜插土中,这样较易成活。每栽20～30行留出30～40厘米宽的人行道,以便于人员操作和管理。移栽后1个月左右,苗高15～18厘米时,即可收获嫩茎(齐地收割)。如植株生长繁茂而盖满田间,需扩大栽培时,可起苗分栽,适当扩大株行距,株距为9～10厘米,行距为12～15厘米,每栽20～30行,留出30～40厘米宽的人行道,以便于人员田间操作。

如果采用种子繁殖，可于8月中下旬播种，需设荫障或在大棚遮阳网下进行。9月份以后，可露地育苗，每平方米需2～5克种子。将种子与细土混拌好，均匀地撒播于苗床。播种后浸灌，水不漫畦，但要保持苗床湿润。待苗长至3～4厘米高时，株行距以3～5厘米为宜，保持薄水层，浇腐熟的淡粪水。当苗高为12～15厘米时，即可移栽于大田中。定植的株行距和要求，与无性繁殖的种苗相同。

257. 怎样进行豆瓣菜的田间管理？

(1)湿度与水分管理 豆瓣菜栽植后，田间要保持一层浅水或潮湿状态，以利于发根。至生长盛期时，水层增至3～7厘米，以免引起锈根。如天气晴暖，气温超过25℃以上，早晚要灌水。如果气温超过30℃，造成水温上升，应于每天傍晚灌凉水，翌日早晨排除，以免田间水温过高而烫伤嫩苗和发生病害。冬、春季气温低于15℃时，应保持较深的水层，保温防寒，以防止冻害。空气相对湿度保持70%～85%为宜。

(2)追肥 豆瓣菜栽植后，如不再分苗，用于扩大栽植，一般1个月左右即可采收。每采收1次及时追肥1次，每667平方米用腐熟粪肥1 000千克对水4～6倍稀释后喷洒，晴天宜偏稀，阴天宜偏浓。也可以用0.3%～0.5%的尿素溶液，或0.5%～1%的硫酸铵溶液浇施，但应与农家肥交替使用。

(3)除草 栽后及时清除杂草，同时匀苗补苗。当植株盖满田面时，则可停止除草。

258. 怎样防治豆瓣菜褐斑病？

该病由水田芥尾孢菌侵染引起，主要危害叶片。初为褪绿小点，逐渐发展成黄色至褐色病斑，边缘不明显，多数病斑周围具有黄绿色晕圈，有时具有轮纹状，上生灰黑色霉状物。病斑可连合成小块斑，使叶片黄化，严重时叶斑密布，叶片干枯。气温高，湿度大，偏施氮肥，发病率高。

防治该病的方法：发病初期用50%敌菌灵可湿性粉剂4 000～5 000倍液，或70%甲基硫菌灵可湿性粉剂600倍液，或50%甲基硫菌灵可湿性粉剂500倍液喷雾，隔10天喷1次，连喷2～3次。如在药剂中加入0.1%中性洗衣粉，效果更好。

259. 怎样防治豆瓣菜丝核菌腐烂病？

豆瓣菜丝核菌腐烂病（纹枯病）由半短菌立枯丝核菌侵染引起。主要危害叶片和茎。多从叶片的叶尖和叶缘开始侵染，病斑圆形或不规则形，浅黄色或灰褐色。温度高时，病叶腐烂，病部出现蛛丝状菌丝，严重时叶片枯死或腐烂。偏施氮肥，植株生长过旺，病情较重，春、秋季发病率为10%～20%，严重影响产量。

茎部染病呈水浸状，后变为褐色不规则形病斑，茎部软腐或干腐，病斑皱缩倒折，产生白霉，后期转变成菌核。

防治该病的方法：合理施肥，增施磷、钾肥，不过量施氮肥。种植前，每667平方米可用50%利克菌可湿性粉剂4～5千克拌细土30～40千克均匀施于地表。发病初期，喷洒45%特克多悬浮剂800倍液，或50%异菌脲可湿性粉剂1 000倍液，或50%多霉灵可湿性粉剂800倍液，或50%农利灵可湿性粉剂1 000倍液。喷药后，适当加大通风。水培或基质栽培的，喷药后，排水晾秧2～3天。

260. 怎样防治豆瓣菜花叶病？

豆瓣菜花叶病由病毒侵染引起。叶片呈黄绿相间的花叶，老叶较明显，有的在叶片黄色背面上出现绿点，散出黄色花叶，深绿色花叶。叶小，叶厚，节缩短，植株生长受阻而变矮小。

防治该病的方法：及时拔除病株，防治蚜虫。

261. 怎样防治蚜虫、小菜蛾和黄条跳甲?

(1)蚜虫 主要为菜蚜,群集植株嫩梢和心叶上刺吸汁液,使植株卷叶、矮缩、发黄,其为害严重,可用40%乐果乳剂1 000倍液喷雾防治。

(2)小菜蛾 俗称“两头尖”,先潜入叶片为害,后移至叶背面啃食叶肉,严重时食光叶肉,仅剩叶脉。防治时应掌握在卵孵化高峰期至1～2龄幼虫期,用2.5%溴氰菊酯对水2 000～2 500倍,或用80%敌敌畏对水1 000倍喷雾防治。

(3)黄条跳甲 成虫啮食叶片形成孔洞,导致植株枯死。可用80%敌敌畏800～1 000倍液,或50%杀虫灵500倍液,或2.5%溴氰菊酯2 500倍液喷雾防治。

对以上3种虫害,也可用短时间灌水淹虫法进行防治,即选早晚时间,短时间灌入深水,漫过全田植株,淹杀害虫,同时用竹竿或草绳平浮于水面,将漂浮的虫体、杂物等随水围赶,挑出田外,整个灌水和排水过程时间要短,不能超过2～3小时,以防止淹伤植株。

262. 怎样采收豆瓣菜?

一般当豆瓣菜茎高25～30厘米时,无性繁殖的种苗定植后30天左右,种子繁殖的定植后约40天,便可以收获上市。华南地区10月下旬至翌年4月,在豆瓣菜正常生长的情况下,20天左右采收1次,每采收1次,施薄肥1次,以促进生长。每667平方米每次产量500～1 000千克,全年产量可达4 000～5 000千克。长江流域露地栽培,第一年秋季采收期在10月下旬至12月中下旬,可采收2～3次;第二年春夏季采收期在4月上中旬至6月下旬,可采收2～3次,每667平方米产量可达500千克左右,全年总产量2 000～3 000千克。

263. 豆瓣菜质量检测(外观)的要求和采后处理技术是什么?

豆瓣菜嫩梢、叶鲜嫩,有光泽,无污泥,无黄叶、老叶,无病虫危害。采收时,一是将逐株采摘的嫩梢、侧枝捆扎成把,用清水冲洗一下,即装入销售箱上市销售。二是隔畦成片齐地面收割的,去除残根老叶,在清水池里洗净泥土,逐把理齐,捆扎成束,用清水轻轻冲洗一下,装入销售箱运至销售点上市。

二十三、蕺　菜

264. 蕺菜的形态特征如何？

蕺菜别名称蕺儿根、菹菜、鱼腥草、侧耳根等。是三白草科蕺草属野生种转栽培种的多年生宿根草本植物。周年可挖掘地下茎，春季生出的嫩茎叶可供食用。

蕺菜地上茎直立，高20～50厘米。具发达的地下根茎，有节、多分枝，最长可达1米以上，节处可萌发须根及幼芽。叶片心脏形或卵圆形，长5～7厘米，宽4～6厘米，全缘，叶面光滑，暗绿色，有暗红色不规则晕斑，叶背带紫色，叶脉处有茸毛；托叶线状，基部与茎合生，叶柄较长。初夏开花，穗状花序顶生，下有苞片4枚；花小，浅绿色或白色，两性花，无花被，雄蕊3枚，子房1室。蒴果顶裂。种子球形，有花纹。

265. 蕺菜生长发育需要什么环境条件？

蕺菜喜温暖湿润，生长适温为15℃～20℃，较耐寒，气温低至－15℃仍能越冬。喜肥沃、疏松、水分充足的土壤条件。耐阴、耐瘠薄。

266. 怎样选择和栽植蕺菜种用茎？

(1)栽培季节　春栽最适期为2～3月，秋栽以9～10月为最适宜。春栽生长期长，产量高，生产上多用春栽。

(2)种用茎的选择　蕺菜为多年生宿根草本植物，野生转为人工栽培，目前尚未形成品种。每年可用老熟地下根茎进行无性繁殖。在冬季，当茎叶逐渐枯黄时挖掘，选用粗壮肥大、节间长、根系损失少、无病虫害的老茎，埋藏于地下自然越冬，待翌年春季作为种用。

(3)选地做畦，施基肥　种植前，选择土壤肥沃的砂壤土和湿润保水、排水方便的田块，深翻地，施足基肥，每667平方米施腐熟厩肥3000千克或复合肥料100千克，碳酸氢铵50千克，耙平整细后，按宽1.5～2米做畦，也可将肥料条施或分层沟施。

(4)栽植　先将地下茎剪成4～6厘米长的段，注意须从节中间剪，不要从节上剪，使种茎上保持有节，剪好后按行距30厘米、株距6～8厘米平放于预先开好的小沟中，立即盖上7厘米厚左右的细肥土。每667平方米需种茎约150千克。

267. 怎样进行蕺菜田间管理?

(1)肥水管理　栽植后，如土壤太干燥，应立即浇水，使土壤经常保持在最大持水量的75%～80%。灌水宜采用浸灌，即将水灌满畦沟的80%，待4～6天后排除，干旱时每15天左右需灌1次水。追肥根据蕺菜生长情况决定，一般在幼苗出土高约5厘米时追施20%腐熟稀粪尿，每15天左右追施1次。生长前期以氮肥为主，以促进幼苗生长，使其在6月份前苗高达20厘米以上，为高产优质打下基础。在生长中后期(9～10月)，由于蕺菜已形成大量根茎，需肥量极大，在保证氮肥的基础上，适当配合施用磷、钾肥，特别是钾肥对根茎的形成极为有效。植株封行后，在叶面喷施0.1%～0.2%磷酸二氢钾，每隔7～8天喷1次，共喷2～3次。

夏秋季栽培，在翌年春季出苗后，应追施腐熟粪水或尿素提苗，促使植株在短期内形成繁茂的叶片和粗壮的根状茎。

(2)中耕除草和摘心摘蕾　蕺菜栽培田湿润，杂草很易滋生，应及时清除杂草幼苗，在出苗后及封行前须浅中耕行间表土。中耕除草要进行3～4次，每次中耕后要追肥灌水。雨后也要及时中耕。

地上生长过盛的植株，要及时摘心，以抑制其生长高度，促使发生侧枝。蕺菜行扦插繁殖，为使营养用在根状茎生长上，当花蕾出现时即摘除，以后随现蕾随摘除。

268. 怎样防治蕺菜白绢病？

该病主要危害地下茎。发病初期地上茎叶变黄，地下茎呈褐色斑块，表面遍生白色绢丝状菌丝，逐渐软腐；中后期在布满菌丝的茎表面和附近土壤中产生大量酷似油菜状菌核。菌核形成初期为白色球状小颗粒，老熟后为黄褐色至褐色。在连续阴雨、高温高湿的条件下，病株地表周围也可见到明显的白色菌丝及菌核。病部茎叶迅速凋萎，整个植株枯黄死亡。

蕺菜白绢病的防治方法：轮作换土；适当降低田间湿度，雨后及时排水；增施磷、钾肥；加强管理，提高植株抗病力；及时挖出病株，在其病穴及四周地上撒消石灰，以控制病菌蔓延；发病期间，喷洒25%三唑酮可湿性粉剂1 000～2 000倍液，着重喷洒茎基部及四周地面，每隔10天喷1次，共喷2～3次，或用50%甲基硫菌灵600～800倍液灌根。

269. 怎样防治蕺菜紫斑病？

紫斑病危害叶片。发病初期，叶片上出现淡紫色小斑点，扩大后病斑近圆形，淡紫色，稍凹陷。潮湿时病斑上出现黑霉，并有明显的同心轮纹，轮纹之间为灰白色。叶片病斑正面有1～3毫米的紫色环。中后期病斑穿孔，以后数个病斑连成不规则形大斑，造成叶片干枯死亡。

蕺菜紫斑病的防治方法：于秋季对发病地进行深耕，把表土翻入土内；轮作换土；摘除病株加以烧毁；发病初期喷洒1∶1∶160波尔多液，或喷洒70%代森锰锌300～500倍液2～3次。

270. 怎样防治蕺菜叶斑病?

叶斑病在蕺菜生长中、后期经常大量发生,危害叶片。发病时,叶面出现不规则形或圆形病斑,边缘紫红色,中间灰白色,上生浅灰色霉。严重时,几个病斑融合在一起,病斑中心有时穿孔,叶片局部或全部枯死。

蕺菜叶斑病的防治方法:实行水旱轮作;栽植前用 50%多菌灵 500 倍液浸泡种茎 24 小时,进行消毒;发病时,用 50%甲基硫菌灵 800～1 000 倍液或 70%代森锰锌 400～600 倍液喷雾。

271. 怎样防治蛴螬和黄蚂蚁?

防治蛴螬和黄蚂蚁,可用 90%敌百虫 800～1 000 倍液灌根毒杀。

272. 怎样采收蕺菜?

蕺菜在早春栽培,到冬季地上部枯死,生长期 260 天左右。如排开播种,则四季均可收获。夏初可采收 1～2 次嫩茎叶,冬季采掘地下茎,直接从“母根”发生的地下根茎称为一级根茎,一级根茎上发生的侧生根茎称为二级根茎,以后萌生三级、四级、五级根茎。二级根茎在“母根”栽植后 70～90 天后出现,三级根茎在“母根”栽植后 90～120 天出现。所有根茎集中分布在深 10～12 厘米的土层中。采收时须割去地上部枯黄的茎叶,然后用犁翻耕,边翻边摘取根茎,一般每 667 平方米产地下茎 1 000～1 500 千克。

273. 蕺菜质量检测(外观)的要求和采后处理技术是什么?

蕺菜茎叶鲜嫩,地下茎洁白、粗壮、脆嫩,纤维少,无病虫危害。采收鲜嫩的茎、叶放入盛器内,用清水轻轻地冲洗一下,即可装入塑料销售箱上市。采收的地下茎要经过整理，摘除茎节部的根毛，装入盛器在清洁的水池洗净理齐后，捆成重 0.5 千克的小把，逐把整齐地装入塑料销售箱运至销售点上市。

附 录

附录1 农产品安全质量无公害蔬菜安全要求（摘录）

GB 18406.1—2001

（中华人民共和国国家质量监督检验检疫总局发布）

表 1-1 重金属及有害物质限量

项 目	指标（mg/kg）
铬（以 Cr 计）	≤0.5
镉（以 Cd 计）	≤0.05
汞（以 Hg 计）	≤0.01
砷（以 As 计）	≤0.5
铅（以 Pb 计）	≤0.2
氟（以 F 计）	≤1.0
亚硝酸盐（以 $NaNO_2$ 计）	≤4.0
硝酸盐	≤600（瓜果类）
	≤1200（根茎类）
	≤3000（叶菜类）

表 1-2　农药最大残留限量

通用名称	英文名称	商品名称	毒　性	作　物	最高残留限量(mg/kg)
马拉硫磷	Malathion	马拉松	低	蔬　菜	不得检出
对硫磷	Parathion	一六零五	高	蔬　菜	不得检出
甲拌磷	Phorate	三九一	高	蔬　菜	不得检出
甲胺磷	Methami-dophos	—	高	蔬　菜	不得检出
久效磷	Monocroto-phos	组瓦克	高	蔬　菜	不得检出
氧化乐果	Omethoate	—	高	蔬　菜	不得检出
克百威	Carbofuran	呋喃丹	高	蔬　菜	不得检出
涕灭威	Aldicarb	铁灭克	高	蔬　菜	不得检出
六六六	BHC	—	高	蔬　菜	0.2
滴滴涕	DDT	—	中	蔬　菜	0.1
敌敌畏	Dichlorvos	—	中	蔬　菜	0.2
乐　果	Dimethoate	—	中	蔬　菜	1.0
杀螟硫磷	Fenitrothion	—	中	蔬　菜	0.5
倍硫磷	Fenthion	百治屠	中	蔬　菜	0.05
辛硫磷	Phoxim	肟硫磷	低	蔬　菜	0.05
乙酰甲胺磷	Acephate	高灭磷	低	蔬　菜	0.2
二嗪磷	Diazinon	二嗪农,地亚农	中	蔬　菜	0.5
喹硫磷	Quinalphos	爱卡士	中	蔬　菜	0.2
敌百虫	Trichlorphon	—	低	蔬　菜	0.1
亚胺硫磷	Phosmet	—	中	蔬　菜	0.5
毒死蜱	Chlorpyrifos	乐斯本	中	叶类菜	1.0
抗蚜威	Pirmicarb	辟蚜雾	中	蔬　菜	1.0
甲萘威	Carbaryl	西维因,胺甲萘	中	蔬　菜	2.0

续表 1-2

通用名称	英文名称	商品名称	毒 性	作 物	最高残留限量(mg/kg)
二氯苯醚菊酯	Permetthrin	氯菊酯,除虫精	低	蔬 菜	1.0
溴氰菊酯	Deltamethrin	敌杀死	中	叶类菜 果类菜	0.5 0.2
氯氰菊酯	Eyper methrin	灭百可,兴棉宝,塞波凯,安绿宝	中	叶类菜 番 茄	1.0 0.5
氟氰戊菊酯	Flucythrinate	保好鸿,氟氰菊酯	中	蔬 菜	0.2
顺式氯氰菊酯	Alphacyper methrin	快杀敌,高效安绿宝,高效灭百可	中	黄 瓜 叶类菜	0.2 1.0
联苯菊酯	Biphenthrin	天王星	中	番 茄	0.5
三氟氯氰菊酯	Cyhalothrin	功 夫	中	叶类菜	0.2
顺式氰戊菊酯	Esfenvaerate	来福灵,双爱士	中	叶类菜	2.0
甲氰菊酯	Fenpropathrin	灭扫利	中	叶类菜	0.5
氟胺氰菊酯	Fluvalinate	马扑立克	中	蔬 菜	1.0
三唑酮	Triadimefon	粉锈宁,百理通	低	蔬 菜	0.2
多菌灵	Carbendazim	苯并咪唑 44 号	低	蔬 菜	0.5
百菌清	Chlorothalonil	Danconi12787	低	蔬 菜	1.0
噻嗪酮	Buprofezin	优乐得	低	蔬 菜	0.3
五氯硝基苯	Quintozene	—	低	蔬 菜	0.2
除虫脲	Diflubenzuron	敌灭灵	低	叶类菜	20.0
灭幼脲	—	灭幼脲三号	低	蔬 菜	3.0

注:未列项目的农药残留限量标准各地区根据本地实际情况,按有关规定执行

附录2　绿色食品　产地环境条件(摘录)

NY/T 391—2000

表1　空气中各项污染物的指标要求　(标准状态)

项　目	指　标	
	日平均	1h平均
总悬浮颗粒(TSP),mg/m^3	≤0.30	—
二氧化硫(SO_2),mg/m^3	≤0.15	≤0.50
氮氧化物(NO_x),mg/m^3	≤0.10	≤0.15
氟化物(F)≤7μg/m^3	≤20μg/m^3	
	1.8μm/(dm^2·d)(挂片法)	

注:1. 日平均指任何一日的平均指标

2. 1h平均指任何一小时的平均指标

3. 连续采样3天,一日3次,晨、午和夕各1次

4. 氟化物采样可用动力采样滤膜法或用石灰滤纸挂片法,分别按各自规定的指标执行,石灰滤纸挂片法挂置7天

表2　农田灌溉水中各项污染物的指标要求

项　目	指　标
pH值	5.5~8.5
总汞(mg/L)	≤0.001
总镉(mg/L)	≤0.005
总砷(mg/L)	≤0.05
总铅(mg/L)	≤0.1
六价镉(mg/L)	≤0.1
氟化物(mg/L)	≤2.0
粪大肠菌群(个/L)≤10 000	

注:灌溉菜园用的地表水需测粪大肠菌群,其他情况不测粪大肠菌群

表3　土壤中各项污染物的指标要求　(mg/kg)

耕作条件	旱田			水田		
pH值	< 6.5	6.5～7.5	> 7.5	< 6.5	6.5～7.5	> 7.5
镉 ≤	0.30	0.30	0.40	0.30	0.30	0.40
汞 ≤	0.25	0.30	0.35	0.30	0.30	0.40
砷 ≤	25	20	20	20	20	15
铅 ≤	50	50	50	50	50	50
铬 ≤	120	120	120	120	120	120
铜 ≤	50	60	60	50	60	60

注:①果园土壤中的铜限量为旱田中的铜限量的一倍

②水旱轮作用的标准值取严不取宽

附录3　绿色食品产地土壤肥力分级(摘录)

表1　土壤肥力分级参考指标

项　目	级　别	旱　地	水　田	菜　地	园　地	牧　地
有机质(g/kg)	Ⅰ Ⅱ Ⅲ	> 15 10～15 < 10	> 25 20～25 < 20	> 30 20～30 < 20	> 20 15～20 < 15	> 20 15～20 < 15
全氮(g/kg)	Ⅰ Ⅱ Ⅲ	> 1.0 0.8～1.0 < 0.8	> 1.2 1.0～1.2 < 1.0	> 1.2 1.0～1.2 < 1.0	> 1.0 0.8～1.0 < 0.8	— — —
有效磷(mg/kg)	Ⅰ Ⅱ Ⅲ	> 10 5～10 < 5	> 15 10～15 < 10	> 40 20～40 < 20	> 10 5～10 < 5	> 10 5～10 < 5
有效钾(mg/kg)	Ⅰ Ⅱ Ⅲ	> 120 80～120 < 80	> 100 50～100 < 50	> 150 100～150 < 100	> 100 50～100 50	— — —

续表 1

项　目	级　别	旱　地	水　田	菜　地	园　地	牧　地
阳离子交换量 (c mol/kg)	Ⅰ	＞20	＞20	＞20	＞20	—
	Ⅱ	15～20	15～20	15～20	15～20	—
	Ⅲ	＜15	＜15	＜15	＜15	—
质　地	Ⅰ	轻壤、中壤	中壤、重壤	轻　壤	轻　壤	沙壤、中壤
	Ⅱ	沙壤、重壤	沙壤、轻黏土	沙壤、中壤	沙壤、中壤	重　壤
	Ⅲ	沙土、黏土	沙土、黏土	沙土、黏土	沙土、黏土	沙土、黏土

附录 4　无公害食品　蔬菜产地环境条件(摘录)

NY/T 5010－2002

表 1　环境空气质量要求

项　目	浓度限值			
	日平均		1h 平均	
总悬浮颗粒物(标准状态)/(mg/m^3)≤	0.30		—	
二氧化硫(标准状态)/(mg/m^3)≤	0.15[a]	0.25	0.50[a]	0.70
氟化物(标准状态)/($\mu g/m^3$)≤	1.5[b]	7	—	

注:日平均指任何一日的平均浓度;1h 平均指任何一小时的平均浓度

a. 菠菜、青菜、白菜、黄瓜、莴苣、南瓜、西葫芦的产地应满足此要求

b. 甘蓝、菜豆的产地应满足此要求

表 2　灌溉水质量要求

项　目		浓度限值	
pH 值		5.5～8.5	
化学需氧量/(mg/L)	≤	40[a]	150
总汞/(mg/L)	≤	0.001	

续表 2

项　目		浓度限值	
总镉/(mg/L)	≤	0.005[b]	0.01
总砷/(mg/L)	≤	0.05	
总铅/(mg/L)	≤	0.05[c]	0.10
铬(六价)/(mg/L)	≤	0.10	
氰化物/(mg/L)	≤	0.50	
石油类/(mg/L)	≤	1.0	
粪大肠菌群/(个/L)	≤	40 000[d]	

a. 采用喷灌方式灌溉的菜地应满足此要求

b. 白菜、莴苣、茄子、蕹菜、芥菜、苋菜、芜菁、菠菜的产地应满足此要求

c. 萝卜、水芹的产地应满足此要求

d. 采用喷灌方式灌溉的菜地以及浇灌、沟灌方式灌溉的叶菜类菜地时应满足此要求

表 3　土壤环境质量要求

项　目		含量限值					
		pH < 6.5		pH 6.5～7.5		pH > 7.5	
镉	≤	0.30		0.30		0.40[a]	0.60
汞	≤	0.25[b]	0.30	0.30[b]	0.50	0.35[b]	1.0
砷	≤	30[c]	40	25[c]	30	20[c]	25
铅	≤	50[d]	250	50[d]	300	50[d]	350
铬	≤	150		200		250	

注：本表所列含量限值适用于阳离子交换量 > 5cmol/kg 的土壤，若≤5cmol/kg，其标准值为表内数值的半数

a. 白菜、莴苣、茄子、蕹菜、芥菜、苋菜、芜菁、菠菜的产地应满足此要求

b. 菠菜、韭菜、胡萝卜、白菜、菜豆、青椒的产地应满足此要求

c. 菠菜、胡萝卜的产地应满足此要求

d. 萝卜、水芹的产地应满足此要求

附录5　绿色食品　农药使用准则

中华人民共和国农业行业标准(NY/T 393－2000)

Green food －pesticide application guideline

1. 范　围

本标准规定了AA级绿色食品及A级绿色食品生产中允许使用的农药种类、毒性分级和使用准则。

本标准适用于在我国取得登记的生物源农药(biogenicpesticides)、矿物源农药(pesticides of fossilorigin)和有机合成农药(aynthetic organic pesticides)。

2. 引用标准

下列标准所包含的条文,通过在本标准中引用而构成为本标准的条文。本标准出版时,所示版本均为有效。所有标准都会被修订,使用本标准的各方应探讨使用下列标准最新版本的可能性。

GB 4285－1989	农药安全使用标准
GB 8321.1－1987	农药合理使用准则(一)
GB 8321.2－1989	农药合理使用准则(二)
GB 8321.3－1993	农药合理使用准则(三)
GB 8321.4－1987	农药合理使用准则(四)
NY/T 8321.5－1997	农药合理使用准则(五)
NY/T 391－2000	绿色食品　产地环境技术条件

3. 定　义

标准采用下列定义。

3.1　绿色食品

遵循可持续发展原则,按照特定生产方式生产,经专门机构认定,许可使用绿色食品标志的无污染的安全、优质、营养类食品。

3.2　AA级绿色食品

在生产地的环境质量符合NY/T 391的要求,在生产过程中不使用化学合成的肥料、农药、兽药、饲料添加剂、食品添加剂和其他有害于环境和健康的物质，按有机生产方式生产，产品质量符合绿色食品产品标准，经专门机构认定，许可使用AA级绿色食品标志的产品。

3.3 A级绿色食品

生产地的环境质量符合NY/T 391的要求，生产过程中严格按照绿色食品生产资料使用准则和生产操作规程要求，限量使用限定的化学合成生产资料，产品质量符合绿色食品产品标准，经专门机构认定，许可使用A级绿色食品标志的产品。

3.4 生物源农药

直接利用生物活体或生物代谢过程中的具有生物活性的物质或从生物体提取的物质作为防治病虫草害的农药。

3.5 矿物源农药

有效成分起源于矿物的无机化合物和石油类农药。

3.6 有机合成农药

由人工研制合成，并由有机化学工业生产的商品化的一类农药，包括中等毒和低毒类杀虫杀螨剂、杀菌剂、除草剂。

3.7 AA级绿色食品生产资料

经专门机构认定，符合绿色食品生产要求，并正式推荐用于AA级和A级绿色食品生产的生产资料。

3.8 A级绿色食品生产资料

指经专门机构认定，符合A级绿色食品生产要求，并正式推荐用于A级绿色食品生产的生产资料。

4. 允许使用的农药种类

4.1 生物源农药

4.1.1 微生物源农药

4.1.1.1 农用抗生素

防治真菌病害：灭瘟素、春雷霉素、多抗霉素（多氧霉素）、井冈霉素、农抗120、中生菌素等。

防治螨类:浏阳霉素、华光霉素。

4.1.1.2　活体微生物农药

真菌剂:蜡蚧轮枝菌等。

细菌剂:苏云金杆菌、蜡质芽孢杆菌等。

拮抗菌剂。

昆虫病原线虫。

微孢子。

病毒:核多角体病毒。

4.1.2　动物源农药

昆虫信息素(或昆虫外激素):如性信息素。

活体制剂:寄生性、捕食性的天敌动物。

4.1.3　植物源农药

杀虫剂:除虫菊素、鱼藤酮、烟碱、植物油等。

杀菌剂:大蒜素。

拒避剂:印楝素、苦楝、川楝等。

增效剂:芝麻素。

4.2　矿物源农药

4.2.1　无机杀螨杀菌剂

硫制剂:硫悬浮剂、可湿性硫、石硫合剂等。

铜制剂:硫酸铜、王铜、氢氧化铜、波尔多液等。

4.2.2　矿物油乳剂

柴油乳剂等。

4.3　有机合成农药

见3.6。

5. 使用准则

绿色食品生产应从作物—病虫草等整个生态系统出发,综合运用各种防治措施,创造不利于病虫草害孳生和有利于各类天敌繁衍的环境条件，保持农业生态系统的平衡和生物多样化，减少各类病虫草害所造成的损失。

优先采用农业措施，通过选用抗病抗虫品种，非化学药剂种子处理，培育壮苗，加强栽培管理，中耕除草，秋季深翻晒土，清洁田园，轮作倒茬、间作套种等一系列措施起到防治病虫草害的作用。

还应尽量利用灯光、色彩诱杀害虫，机械捕捉害虫，机器和人工除草等措施，防治病虫草害。特殊情况下，必须使用农药时，应遵守以下准则。

5.1　生产 AA 级绿色食品的农药使用准则

5.1.1　应首选使用 AA 级绿色食品生产资料农药类产品。

5.1.2　在 AA 级绿色食品生产资料农药类不能满足植保工作需要的情况下，允许使用以下农药及方法。

5.1.2.1　中等毒性以下植物源杀虫剂、杀菌剂驱避剂和增效剂，如除虫菊素、鱼藤根、烟草水、大蒜素、苦楝、川楝、印楝、芝麻素等。

5.1.2.2　释放寄生性捕食性天敌动物，昆虫、捕食螨、蜘蛛及昆虫病原线虫等。

5.1.2.3　在害虫捕捉器中允许使用昆虫信息素及植物源引诱剂。

5.2.1.4　允许使用矿物油和植物油制剂。

5.2.1.5　允许使用矿物源农药中的硫制剂铜制剂。

5.2.1.6　经专门机构核准，允许有限度地使用活体微生物农药，如真菌制剂、细菌制剂、病毒制剂、放线菌、拮抗菌剂、昆虫病原线虫、原虫等。

5.2.1.7　允许有限度地使用家用抗生素，如春雷霉素、多抗霉素(多氧霉素)、井冈霉素、农抗 120、中生菌素、浏阳霉素等。

5.1.3　禁止使用有机合成的化学杀虫剂、杀螨剂、杀菌剂、杀线虫剂、除草剂和植物生长调节剂。

5.1.4　禁止使用生物源、矿物源农药中混配有机合成农药的各种制剂。

5.1.5　严禁使用基因工程品种(产品)及制剂。

5.2　生产A级绿色食品的农药使用准则

5.2.1　应首选使用AA级和A级绿色食品生产资料农药类产品。

5.2.2　在AA级和A级绿色食品生产资料农药类产品不能满足植保工作需要的情况下,允许使用以下农药及方法。

5.2.2.1　中等毒性以下植物源农药、动物源农药和微生物源农药。

5.2.2.2　在矿物源农药中允许使用硫制剂、铜制剂。

5.2.2.3　可以有限度地使用部分有机合成农药,并按GB 4285、GB 8321.1、GB 8321.2、GB 8321.3、GB 8321.4、GB 8321.5的要求执行。

此外,还需严格执行以下规定。

a)应选用上述标准中列出的低毒农药和中等毒性农药。

b)严禁使用剧毒、高毒、高残留或具有三致毒性(致癌、致畸、致突变)的农药(见附录A)。

c)每种有机合成农药(含A级绿色食品生产资料农药类的有机合成产品)在一种作物的生长期内只允许使用一次(其中菊酯类农药在作物生长期只允许使用一次)。

5.2.2.4　应按照GB 4285、GB 8321.1、GB 8321.2、GB 8321.3、GB 8321.4、GB 8321.5的要求控制施药量与安全间隔期。

5.2.2.5　有机合成农药在农产品中的最终残留应符合GB 4285、GB 8321.1、GB 8321.2、GB 8321.3、GB 8321.4、GB 8321.5的最高残留限量(MRL)的要求。

5.2.3　严禁使用高毒残留农药防治贮藏期病虫害。

5.2.4　严禁使用基因工程品种(产品)及制剂。

附录A(标准的附录)

生产A级绿色食品禁止使用的农药

表A1 生产A级绿色食品禁止使用的农药

种 类	农药名称	禁用作物	禁用原因
阿维菌素		蔬菜、果树	高 毒
有机氯杀虫剂	滴滴涕、六六六、林丹、甲氧DDT、硫丹	所有作物	高残毒
有机氯杀螨剂	三氯杀螨醇	蔬菜、果树、茶叶	工业品中含有一定数量的滴滴涕
有机磷杀虫剂	甲拌磷、乙拌磷、久效磷、对硫磷、甲基对硫磷、甲胺磷、甲基异柳磷、治螟磷、氧化乐果、磷胺、地虫硫磷、灭克磷(益收宝)、水胺硫磷、氯唑磷、硫线磷、杀扑磷、特丁硫磷、克线丹、苯线磷、甲基硫环磷	所有作物	剧毒、高毒
氨基甲酸酯杀虫剂	涕灭威、克百威、灭多威、丁硫克百威、丙硫克百威	所有作物	高毒、剧毒或代谢物高毒
二甲基甲脒类杀虫杀螨剂	杀虫脒	所有作物	慢性毒性、致癌
拟除虫菊酯类杀虫剂	所有拟除虫菊酯类杀虫剂	水稻及其他水生作物	对水生生物毒性大
卤代烷类熏蒸杀虫剂	二溴乙烷、环氧乙烷、二溴氯丙烷、溴甲烷	所有作物	致癌、致畸、高毒
阿维菌素		蔬菜、果树	高 毒
克螨特		蔬菜、果树	慢性毒性

续表 A1

种　类	农药名称	禁用作物	禁用原因
有机砷杀菌剂	甲基胂酸锌(稻脚青)、甲基胂酸钙(稻宁)、甲基胂酸铵(田安)、福美甲胂、福美胂	所有作物	高残毒
有机锡杀菌剂	三苯基醋酸锡(薯瘟锡)、三苯基氯化锡、三苯基羟基锡(毒菌锡)	所有作物	高残留、慢性毒性
有机汞杀菌剂	氯化乙基汞(西力生)、醋酸苯汞(赛力散)	所有作物	剧毒、高残毒
有机磷杀菌剂	稻瘟净、异稻瘟净	水　稻	异　臭
取代苯类杀菌剂	五氯硝基苯、稻瘟醇(五氯苯甲醇)	所有作物	致癌、高残留
2,4-D类化合物	除草剂或植物生长调节剂	所有作物	杂质致癌
二苯醚类除草剂	防草醚、草枯醚	所有作物	慢性毒性
植物生长调节剂	有机合成的植物生长调节剂	所有作物	
除草剂	各类除草剂	蔬菜生长期(可用于土壤处理芽前处理)	

参考文献

[1] 李曙轩，等主编.《中国农业百科全书·蔬菜卷》. 北京：中国农业出版社，1990.

[2] 吕家龙主编.《蔬菜栽培学各论(南方本 第三版)》. 北京：中国农业出版社，2003.

[3] 中国标准出版社第一编辑室编.《无公害食品标准汇报(蔬菜卷)》. 北京：中国标准出版社，2003.

[4] 徐道东，等主编.《绿叶类蔬菜栽培技术》. 上海：上海科学技术出版社，2000.

[5] 宋元林，等主编.《芹菜、莴苣、菠菜》. 北京：科学技术文献出版社，1999.

[6] 王就光编著.《蔬菜病害诊治手册(彩图)》. 北京：中国农业出版社，2001.

[7] 谭永旺，等编著.《绿叶菜类蔬菜良种引种指导》. 北京：金盾出版社，2006.

[8] 眭晓蕾，等编著.《绿叶菜类蔬菜制种技术》. 北京：金盾出版社，2005.

[9] 张喜春，范双喜，司力珊编著.《叶菜类蔬菜无公害栽培技术问答》. 北京：中国农业大学出版社，2007.